U0338953

光 明 城
LUMINOCITY

看见我们的未来

建筑七人对谈集

《建筑七人对谈集》编委会　著

同济大学出版社

图书在版编目（CIP）数据

建筑七人对谈集 /《建筑七人对谈集》编委会著
. -- 上海：同济大学出版社，2015.9
ISBN 978-7-5608-5868-5

Ⅰ.①建　Ⅱ.①建　Ⅲ.①建筑学－文集 Ⅳ.
①TU-53

中国版本图书馆 CIP 数据核字 (2015) 第 128495 号

建筑七人对谈集
《建筑七人对谈集》编委会　著

出品人：支文军
策划：秦蕾 / 群岛工作室
责任编辑：秦蕾
特约编辑：谢弘
平面设计：韩文斌、胡晓琴
责任校对：徐春莲
版 次：2015 年 9 月第 1 版
印 次：2015 年 9 月第 1 次印刷
印 刷：上海中华商务联合印刷有限公司
开 本：787mm×1092mm 1/32
印 张：8.5
字 数：190 000
ISBN：978-7-5608-5868-5
定 价：69.00 元
出版发行：同济大学出版社
地 址：上海市杨浦区四平路 1239 号
邮政编码：200092
网 址：http://www.tongjipress.com.cn
经 销：全国各地新华书店

序

    有一种说法，中国是世界上最大的建筑工地，是建筑量的巨人，却是建筑思想的侏儒。也许，这样的论断并没有经过什么严格的论证，有信口雌黄之嫌。不过，与其纠缠这一论断的对与错，愿意对当代中国建筑进行批判性反思的人们也许会更加关注当代中国建筑数量有余而思想不足的原因，比如中国社会长期以来对建筑作为社会产品和控制工具的重视、建筑学传统的缺失、实用主义文化观以及当代压倒一切的商品经济浪潮等等。在这里，建筑可以是生产的手段，也可以是象征的符号，但决不是思想的对象。

    自意大利文艺复兴以来，欧洲建筑学的传统是理论先行。这种传统被 20 世纪现代主义发扬光大，以至于给人这样一种印象：20 世纪建筑学的发展就是理论的胜利，尤其是宣言的胜利。未来主义、表现主义、新艺术运动、风格派、包豪斯、构成派、粗野主义、理性主义、光明城市、阿基格拉姆、后现代主义……这些思潮无一不是宣言式的思想和理论在先，然后才有建筑，至少理论与建筑同时出现。即便是原本为解决实际问题而提出的设想，如勒·柯布西耶的多米诺体系，也能摇身一变，俨然成为一种思想的偶像，透射着建筑学的理论光芒。

然而，理论先行并非建筑发展的唯一途径。在美国，资本主义的商业需求与山姆大叔的实用主义一拍即合，使20世纪美国建筑和城市发展沿着一条与欧洲现代主义截然相反的道路前行。没有理论，没有宣言，也较少有闪光的思想，取而代之的是物质、摩天大楼、郊区别墅、单调的城市网格、技术成就、装饰象征主义、低俗的商业消费设施，就连与多米诺住宅看似异曲同工、颇具理论潜力的芝加哥框架最终也止步于它的实用性而未能给建筑学更多贡献。

直到1970年代，来自欧洲的库哈斯重新发现了美国，更准确地说是重新发现了曼哈顿。"20世纪末，已经对宣言嗤之以鼻的时代，如何重写一份城市形式的宣言？宣言的致命缺点是缺少佐证。曼哈顿的问题恰恰相反，满坑满谷的佐证，却没有宣言。因此，本书是一本为曼哈顿制作的回溯式宣言（retroactive manifesto）"，库哈斯在《疯狂的纽约》（*Delirious New York*）中如是说。与此同时，也是来自欧洲的班纳姆（Reyner Banham）在洛杉矶看到了他的"四种生态的建筑"（*The Architecture of Four Ecologies*）。不久之后，美国本土的文丘里提出"向拉斯维加斯学习"。在库哈斯看来，文丘里的《向拉斯维加斯学习》（*Learning from Las Vegas*）是最后一部关于城市的宣言——准确地说应该是最后一部回溯式宣言。在这里，理论落后于实践，但恰恰是这种落后为建筑学的迂回和突围提供了契机。

某种意义上，当代中国建筑发展的道路是美国式的，而非欧洲式的。不同的是，它仍然处在其"初级阶段"，很少有真正属于自己的技术成就，更缺少像 SOM 那样能够全面驾驭技术问题的建筑设计事务所。不同之处还在于，尽管库哈斯已经通过"哈佛城市研究"（*Harvard Design School Project on the City*）制造出《突变》（*Mutation*）和《大跃进》（*Great Leap Forward*）两部关于当代中国建筑和城市的"回溯式宣言"，但是这回他的曼哈顿招数却没有取得同样具有说服力的理论成就。就此而言，当代中国建筑学的理论突破仍然在"等待戈多"。这个"戈多"或者"戈多们"可能是欧洲人，也可能是美国人或者别的什么人——当然，我更愿意是中国人。

尽管如此，当代中国建筑发展有一点还是与美国的情况相似，那就是，在近乎荒芜的建筑文化之中仍然有一些建筑师拒绝随波逐流，努力追求建筑的更高境界。在美国，赖特、康、艾森曼、霍尔已经为世人所熟知；在中国，数量上更多、同时也更加年轻有为的新锐建筑师们（当然也包括这本对谈集中的建筑师们）正在崭露头角，开始或者正在被世人所了解和熟知。当然，即便在这一层面上，两者之间的差异仍然显而易见：赖特、康、艾森曼、霍尔都是对建筑学有理论贡献的建筑师，而活跃在当代中国建筑前沿的新锐建筑师们却难以与他们在这一点上相媲美。

也许，正如张斌在本书的对谈中所说的，"我们不是一个精神性的民族"——因而也不是一个理论性的民族。然而事实是，在过去的几十年中，中国当代建筑学其实并不缺乏构建理论的尝试，从形形色色的"建筑哲学"、"建筑哲理"、"建筑美学"再到"广义建筑学"，建筑学的理论诉求简直可以用"辉煌"来形容。可惜的是，如此辉煌的理论诉求常常成为建筑学"不可承受之重"，令人望而生畏，直至敬而远之。

在这样的意义上，我更愿意将上述中国建筑师们的理论"退却"视为一种有意识的选择。他们不相信"宏大叙事"式的理论，更愿意在具体的建筑设计中发现自己的理论兴趣点，即使只是星星点点、不成系统。他们不相信理论是指导实践的工具，更愿意将理论与实践视为"相互平行、相互刺激、相互影响"的思想形式（王澍语）。他们不相信理论必须长篇大论，对谈、微博、杂文同样可以具有理论意义，只要它们实践的是对建筑的思考。也许，这就是眼下这本《建筑七人对谈集》产生的初衷吧。

因此，如同文丘里的《建筑的复杂性与矛盾性》（*Complexity and Contradiction in Architecture*）一样，这是一部需要紧扣建筑作品本身才能真正理解的文集。对于这些作品而言，理论概念几句话也许就能说完，只对理论概念感兴趣的人们根本无需阅读本书。另一方面，与文丘里的《建筑的复杂性与矛盾性》不同，这些建筑作品本身并不构成本书思想的全部内容。同样重要的是设计过程——如何开始设计、如何应对设计过程中的问题、如何把设计本身变成一种反思。在这里，场地条件、空间、使用、平面、剖面、类型、形式、概念、图解、材料、建造、记忆、传统、园林、身体、光、感知、尺度、与业主的关系等被一次次反复提及。正是在这一次次反复提及中，建筑学的基本问题得到呈现，成为思想的对象。

通过这些对谈，我看到一群对建筑充满热情的建筑师——当然，他们也足够清醒，能够意识到自己的局限以及建筑师作为职业的局限。通过这些对谈，我看到一群已经意识到需要在建筑的自身追求和社会责任之间恰当平衡的建筑师——当然，必须承认的是，他们并非在这一点上总是做得很好。通过这些对谈，我看到一群对地域文化和在地传统怀有浓厚兴趣的建筑师——当然，与中国近现代建筑发展史上的前辈们相比，他们今天面临的处境和问题已经使他们有可能卸下过于沉重的民族主义包袱，也更加有可能远离过于强烈的意义以及沦为符号的建筑诉求。通过这些对谈，我也看到了一群思想上更为开放、更愿意接受世界文化的建筑师——当然，他们对一切也保持着思考的距离，而不是把它们作为最新的"思潮"和"动向"来追逐。

说到"一群"，我完全无意将他们视为一个同质的整体。曾几何时，中国建筑的动向总是趋同，一有什么新的兴趣点，大家趋之若鹜。但是，透过这本对谈集，细心的读者会发现，对谈者们已经能够保持自己相对独立的思考，同时又期望在对谈中建立基本的专业共识。

更值得一提的是，"城市笔记人"刘东洋的加入不仅展现了一位"网络学者"思考建筑的另一面，而且也再一次说明，处于"体制"之外的"自媒体"能够成为推动当代中国建筑学发展的可贵力量。

最后，我愿意回到本文之前谈到的"回溯式宣言"的问题。就在中国当代建筑已经积蓄了如此多的量却仍然在等待理论突破的"戈多"之时，塚本由晴与他人合著的《东京制造》——一部完全可以与《疯狂的纽约》或者《向拉斯维加斯学习》相提并论的"回溯式宣言"（理论）——引起了国人的注意。于是，如同曾经因为"向拉斯维加斯学习"而有过"向上海学习"一样，我们也有了《上海制造》[1]。然而，我们可以有"上海制造"，甚至"广州制造""北京制造"，但是我们似乎仍然未能将它们转变为令人信服的建筑学突破点。实质性的区别在哪里？我以为，除了换一种眼光看问题的"思想智慧"（intelligence）之外，我们缺少真正能够支撑这种思想智慧的设计感和设计能力，而两者的兼而有之既是塚本也是库哈斯的特点，如果说他们的某些建筑作品确实让我们折服的话。

正是后面这一点使我们重新回到建筑学的基本问题，回到对设计能力的关注。柯林·罗（Colin Rowe）早就指出，20 世纪"宣言文化"的谬误就在于，它假设"无需'才华'（talent）和'技艺'（craftsmanship）的过滤，'理念'（ideas）会自动成为'诗'（poetics）"。用罗的话来说，"如果'理念'通常折射出文化原创的想象（the fantasies of cultural primitives），那么……'才华'就是对知识和教养的生动运用（a vivacious employment of knowledge and education）。"

我以为，对于当代中国建筑学的发展而言，"理念"和"才华"一个都不能少。在这两方面，任何投机取巧和心气浮躁都不能为中国建筑的强大带来真正的帮助。我衷心希望，这本对谈集不仅能够为中国建筑学的理论突破积蓄力量，而且能够为读者加深对"才华"的理解带来启迪。

是为序。

王骏阳

同济大学建筑与城市规划学院教授

---

1. 李翔宁等著，《上海制造》，同济大学出版社"光明城"2014年2月出版——编者注。

目录

室内光线

王方戟 × 柳亦春 × 陈屹峰

空间背后——关于嘉定新城实验幼儿园的对谈

2010 年 5 月

位于上海西北郊的嘉定新城实验幼儿园是大舍建筑设计事务所2010 年完成的项目。它是大舍早期作品中关于空间营造和空间关系组织的一次探索，同时，对于穿孔铝板的继续尝试亦是为两年后建成的青浦少年活动中心，乃至 2014 年完成的龙美术馆埋下伏笔。王方戟与柳亦春、陈屹峰三人在现场的一问一答中，将设计背后的思维过程娓娓道来。

光线与内向空间

王方戟：不知道是凑巧还是不巧，约好的参观幼儿园的日子是一个阴雨天。于是我们就在这样一个灰蒙蒙的雨天里来到了幼儿园参观。虽然在这样的天气里很难拍照，但它也让你无法专注于建筑的外部及空间形式，从而更容易去体验及想象使用这座房子的人的感受。在这个建筑中，我感觉有三种非常不同的光线：一种是在封闭体内均匀的漫射光，一种是两个体量之间的夹缝中的外部光，一种是教室中被穿孔板过滤后的方窗洞的光。我想问的是，这种光线变化的控制或设计是在设计的哪个阶段形成的？

陈屹峰：封闭体内的漫射光是从一开始就有意识营造的，这个"一开始"是指从空间组织模式确定以后，也就是确定了两个不同的主体空间——封闭的坡道中庭和不同标高呈堆积状的班级功能空间——之后。漫射光的营造有两个意图，一是在于空间本身，光线经过阳光板及细密的单向梁的层层过滤，缓慢而均匀地弥漫在整个空间内部，使本身内向的空间更显光明与静谧，同时也增强了空间的深远感。另一个意图就是将中庭空间内的漫射光线同夹缝中的外部直接光线区别开来，这样从中庭空间进入班级空间的过程中就会产生节奏感，而节奏感正是时间介入空间的重要手段。教室是一个相对静止的空间，它处于整个路径的尽端。通过穿孔板的过滤，进入教室内部的光线变得非常柔和，给幼儿创造了非常良好的光环境。在阳光可以洒入的日子，由于玻璃外部穿孔铝板过滤及局部彩色玻璃的使用，教室内部的光影随着一天中外部光线的变化而美妙地变化着。

王方戟：让那个封闭体非常封闭：光从天上来，基本不与外界有视线上的交流。这种空间安排更是功能上需要隔绝外部道路噪音，还是设计上有其他的考虑？

柳亦春：基本不是出于防噪音等物质功能的考虑，而是空间营造上的需要。空间的内向性和封闭性是有助于空间本身的自我营造的，这一体认也许可以和传统园林空间的营造有关联，也就是园林总是会在一个自我围合的内向型空间内完成自我塑造的，当然也有借景的那种和外部的交流关系，但那也是有景可借的时候，假如在这个空间附近有令人心动的外部景观资源，那么与这个景观之间的视线交流是必然会发生的。就像我们早些时候设计的夏雨幼儿园，一开始首层的内向型围合确实是有隔绝不远处高速公路噪音的考虑，但另一侧对小河的这一面还是有几个开敞的窗洞处理，但也是很谨慎的开放，整体还是希望保持一种内向性。

推敲的过程

王方戟： 现场感觉这个封闭体给人的是一种内向的感觉，教室给人的也是比较内向的感觉。相比起来两个实的体量之间的夹缝空间及教室边的活动平台给人的是比较开敞的感觉。也许在建筑主要部分中这种隔绝了外部参考景色、让内部空间具有抽象感的设计体现了对建筑内部空间作为建筑主体的一种思考吧。在封闭体内的坡道区域，无论是行走时的感知，还是在静止观察时的感知，都是很丰富的。体验完后回过头来看平面图，却觉得平面的逻辑其实也很简单。我想问的是，坡道的这种空间感在设计中是怎么推敲的？

陈屹峰： 教室的内向感觉也是有意而为之的，我们觉得这样的处理比较附合幼儿的心理需要。在每个教室的一侧都设有一个相对开敞的半室外活动平台，与教室、连廊、中庭一起，形成内向与外向的交替节奏。

坡道的推敲伴随着整个设计过程，在前面所说的空间组合模式确定以后，坡道的走向与形态包括结构模式和班级部分的堆积形态研究是同步进行的。推敲工具主要是运用电脑三维模型软件来完成的，比如像 SKETCH UP 这样的三维模型软件，在三维模型软件中我们常常会选择一些具体的视点去观察这个空间，也有通过"行走"工具来感知这个空间，更多地，还是需要结合个人的经验来做出判断。

王方戟： 在很多地区，无论是建筑设计教学还是实际设计，平面、剖面等图纸推敲及研究是非常受重视的。据说，西班牙很多建筑学院今天的设计教学还是以图纸推敲为最主要的手段展开。即使像米拉莱斯（Enric Miralles）这样的建筑作品形式非常复杂的建筑师，其进行推敲的最主要手段其实也是传统的图纸工作。我想问的是，在推敲的过程中，建筑平面上的折线是如何演进到最后的形式呢？

陈屹峰： 事实上折线形态来自于班级空间的堆积形态研究。有一个前提，那就是我们还是希望能通过空间形态及其关系的研究来产生一些新形式，当然这个形式的产生是空间组织模式确认之后的，也就是说空间组织会优先于形式判断。在推敲班级空间的堆积和坡道之间的对应关系时，产生了一个在剖面上的错动，这也可以理解为一个剖面上的折线，为了强化这一形式，我们选择了在平面上也做出一些错动，也就是你说的平面上的折线，这个平面上的折线先产生于班级空间的错动，然后影响到坡道中庭空间。

王方戟：现在我开始理解在这座建筑内部，尤其是封闭体内空间形式的丰富感是如何来的了。它其实是平面原则及剖面原则叠加起来后形成的效果。关键是平面及剖面都可以在图纸上通过二维手段进行精确的定位和控制。有了这些控制，空间可以表现得很自由，但永远也无法逃离它与周围其他空间的明确关系，就像由操纵线控制着的木偶一般。这也类似米拉莱斯这样的建筑师创造丰富空间感知的一种设计方法。另外，你觉得就这座建筑而言，在具体的推敲过程中，哪些推敲工具在哪些阶段起到了相对关键的作用？这种相对关系在大舍的设计中是否具有普遍性？

柳亦春：在整个设计推敲的过程中，三维模型软件无疑是主要运用的软件工具，这一阶段用 CAD 绘制的平面其实只是为其他电脑模型软件服务的辅助工具，当然会先有个基本的布局的控制，用 CAD 将脑中的草图大致落实下来，有个总体尺寸及比较准确的平面长宽比例概念，形体和空间则主要借助于电脑模型软件，一般而言，即便进展到施工图，模型软件仍是重要的推敲工具，除了空间之外，外墙细部节点、结构构件在空间中的尺度也是需要藉此进行推敲的。但是当空间小到一定程度，则必须通过大比例模型来完成。电脑模型软件对空间尺度的把握有时候是具有欺骗性的，而大比例手工模型则非常直观，把一个同比例的小人一搁进去，马上空间尺度就出来了，当然这与个人对空间的体认经验也是有密切关系的。

你提到的"空间关系"，这在我们的设计中是很重要的，通常我们对空间组织比对空间本身的关注更在意，这也是我们一直有意想要延续的东西，很多设计中，这都是我们的一个重要出发点。

空间关系的组织

王方戟：大舍的设计及这座建筑的设计是否有一些固定的参考？新的设计和被参考对象之间的距离主要体现在哪些地方？

柳亦春：嘉定新城幼儿园的设计是从基本模式研究开始的，也就是前面所说的两种空间并置的模式，所谓两种空间，拿江南园林来比拟，我们把坡道中庭空间理解为"可游"空间，或可谓"虚"，在这里，功能与空间呈非线性对应，空间意味是多义的、模糊的、不确定的。而把呈堆积状的班级功能空间理解为"可居"空间，或可谓"实"，在这里，空间是功能要求的直接映射，空间是肯定的，明晰的。

傍晚室内亮灯时的外立面

错动的空间

建筑的基本模式一旦确定，内部空间与外部形态也就呼之欲出了。这是大舍常用的一种工作方法。具体到不同的项目，尽管模式会因地制宜而很不一样，但其背后观念往往是有延续性的。就拿青浦夏雨幼儿园与嘉定新城幼儿园来说，两者的组织方式不同，建筑内部空间和外部形态也大相径庭，但两个建筑都是具有差异性的两种空间的叠加或并置，夏雨幼儿园是首层内向的"镂空"型空间和二层开放的"离散"型空间的上下叠加，这个幼儿园则是前面所说的"虚"、"实"空间的前后并置。

王方戟：我对前面你们提到的在封闭空间中的"深远"感的创造很感兴趣。我们传统中的山水画要在二维的平面上创造深远的意境。我们传统中的江南私家园林要在有限的空间中创造深远及似乎是有点没有尽头的效果。在这座建筑中，封闭空间中的深远感除了为了让它与其他空间形成对比外，还有其意境方面的设想吗？

陈屹峰：深远感有视觉上的，也有体验上的。漫射光可令空间变得深远，光线可能还有一种令空间深远的方式，像我们记忆中的柴房的天窗，光线穿过烟气，将光线后部的幽暗隔离，墙壁也会变远了。起伏和曲折可以带来路径体验上的深远，也会有视觉上的作用，因为层次变多了。我们做的这些关于"深远"的刻意处理，实际上是想令时间在空间中变慢，"慢"是当代社会缺失的一样东西，某种程度上，"慢"已经成为一种"原始"的感觉，找回这种感觉，或许有益于我们保持自我。

王方戟：另外，我对前面你们提到的"空间组织"很感兴趣。不知道它是否可以被理解为一种空间与空间之间的"关系"？另外你们也提到，这种关系是优先于形式的。这是否可以说，当关系和形式之间有冲突的时候，形式要让位于关系？

柳亦春：是的。逐渐地，我们已经开始自觉地在设计中进行"空间组织"了。经常，我们会把原本可以一幢房子就能解决的问题拆解为几幢房子、多个空间去解决，这样我们就能有机会去处理房子或空间之间的关系。有时候，由于用地所限在平面上难以展开的时候，我们也会试着在剖面上做文章。所以我们关于空间研究的类型除了"院落"、"村庄"之外，又多了比如"假山"这样的空间类型，传统园林里面还有很多可以挖掘的空间类型，我们现在试着开始把这些空间类型叫做"原始空间"。

"形式"是个建筑师难以逃避的话题，建筑总是要以某种形式出现在人们面前，我们在重视空间关系的同时也是重视形式的，当然在我们的思考结构里，"关系"确实是要先于"形式"的，这是很肯定的，但有时在具体的设计中也会在形式与内容的关系及各自的独立性之间犹疑。也许我们还是一个很年轻的事务所，也许还是要应对当代的现实以及来自建筑师难以逃脱的一种职业化实践的压力，我们从不回避形式问题。坦率地说，我们现在设计的一些建筑回过头去看，不少表现得都有点过于"形式"了（我们私下里戏称之为"表现主义"），终有一天，它们会归于平淡吧。

（本文原载于《时代建筑》第114期，2010年7月）

1

3

4

2

1. 早晨的场景
2. 南立面
3. 东北侧局部
4. 走廊与坡道

二层的巷道空间

张斌 × 柳亦春 × 陈屹峰

关于青浦青少年活动中心的对谈

2012 年 5 月

青浦青少年活动中心既延续了大舍一贯的从江南情境出发的关于抽象性和现代性的建构，又因其在较大项目规模上实现了一种与城市互动的开放性的漫游体验，从而在大舍的众多作品中显示了独特性。结合对这个项目的实地探访，张斌与大舍的两位主持建筑师——柳亦春和陈屹峰的对谈，探讨了诸多与此项目相关的设计问题。

场地

张斌： 我参加过几次这个项目的方案评审，在你们之前竞标的几个国外建筑师的方案，都是将一个具有炫目形式的大房子放在那个空旷的场地上。记得看到你们那个彩色半透明的精巧模型时，我马上产生了一种"与吾心有戚戚焉"的认同感。那是一个抽象的聚落形态的东西，有广场、街巷、庭院、花园，还有那些尺度轻盈的、小体量、半透明的彩色房子。落成后实地踏访的感受，和当时看图纸时的预判基本吻合，它们姿态优雅，精巧地重构了这片场地的性格和氛围。那么这样一种介入场地和城市的方式，你们当时是如何考虑的？

柳亦春：这源于我们对青浦这样一个上海郊区地方的认识。我们从 2004 年介入青浦的建筑实践开始，就不断加深对青浦地方特质的了解，它虽是上海辖区，却更接近于苏州的江南地域气质。在青浦老城里，比如大西门街、南门街等，我们还能感受到青浦老城独特的人性化尺度氛围。而在青浦新城，因为交通需求及城区发展而导致的规划使城市尺度被放大了，在中国这一轮迅速的城市化过程中，新城规划的尺度是个很大的问题。作为建筑师，在已经被放大了的新城尺度下，假如通过个体的建筑，能再现人性化尺度的空间建构，会是一个积极的补充。所以结合这个项目的功能特点，我们将青少年活动中心那些可以分离的功能体量，在考虑交通效率、消防疏散等因素的情况下，尽可能独立出来，从而在体量之间形成接近小城镇尺度记忆的外部空间。同时，我们也将庭院、花园等作为独立围合的元素展现出来，比如两个入口庭院，并不是简单的建筑之间的空间，而是由独立的围墙围合而成的，在空间构成上它是和建筑的体量同等处理的，就像一个没有顶的房子，这样的处理是希望能加强一种空间的纪念性，作为对空间类型的强调。当然在具体的空间组织时，也不是完全机械地进行公式化的处理，比如，开始中间具有过渡性的水庭院也是由独立的墙体围合的，后来通过对空间的通透性及流线组织的推敲，我们将水庭院的一层墙体去除了，只保留了二层的墙体围合，这样，空间独立性的暗示仍然存在，同时，与周边其他空间的关系也加强了。

开放性与内向性

张斌： 大舍的大部分作品以相对明晰的边界限定建立起活动的内向性，再以各种体验方式在一定程度上超越与消解那个边界，青浦青少年活动中心的设计却不同，似乎从一开始就以多样化的开口和路径确立了一种使用上的开放性与公共性的可能，同时又以对开口与路径在建筑外部界面上的模糊化处理，并置了一种内向性的可能。这种开放性与内向性的暧昧并置很有趣，你们又是如何平衡这两者之间的关系的？

柳亦春： 确实是这样。这个建筑的基地和我们其他项目的基地具体情况略有不同，之前的夏雨幼儿园和私营企业协会办公楼都是位于青浦城区边缘的相对孤立的基地里，开始设计的时候还是一片荒地，所以建筑呈自我保护的内向型特征显著。而这个项目位于新城中相对成熟的区域，北侧是很大的新青浦佳园住宅小区，东侧是一个现代园林——北箐园，西侧是区委党校，再向西就是青浦老城了，南侧则是荒地和一些残存的地方民居，再南一点是青浦电视塔。规划中的地铁站就在电视塔下面，因此沿东侧的华青南路向北侧的华科路西南转角在未来是比较重要的人流通道，来自地铁站和居住小区之间的人流以及居住区和北箐园之间的人流都将从青少年活动中心的两个沿街面前经过。将这个建筑公共化，适当地允许行人穿越是本设计想做的一个尝试。青浦东部新城经过这些年的建设使邻里关系开始慢慢进入城市语境，适当的开放性将有助于提升新城的活力，而项目的具体地点和项目性质也具备这个开放的条件，至少也应考虑到成为未来城市发展区位节点的可能。

所以我们有意考虑了从东入口及其庭院（花园）经过中部的水庭院再到北入口的大庭院这样一个穿越流线，包括从北入口进入后可经坡道上二层平台、巷道再下楼梯到东入口庭院的另一条穿越流线，在两条主要穿越流线上也有一些屋顶花园、庭院与之相连，当然，所有的建筑单体也被串联在这两条大的结构性流线上。这些建筑单体根据青少年活动中心的功能，按照音乐、舞蹈、美术、科技、展览、小剧场自然分区，来这里活动的青少年可以自由去到各自的目的地，并可以在不同的功能体量间游荡。如果可能，我们希望未来城市的人们也可以从各个方向进入这个建筑，一个次等级尺度的小城市。当然，我们的现实并不总是如理想的状况那样，现在孩子们越来越成为需要被严密保护的对象，现实的状况是尽管社会经济状况好了，人们反而越来越需要像夏雨幼儿园那样的内向型自我保护空间了，但我们还是希望未来城市在空间的开放性上能有所改观。

在这个项目的具体使用方对管理的介入后，主入口被定为北面的大庭院这边，而东入口也可能要常年紧闭了，于是东庭院后来被我们设计成为了后花园，加大了花坛的密度，成为一个供小朋友辨识各种植物的百草园。也许在更远一点的未来，这个建筑可以完成它最初被设想的开放性，我们努力存有这样的乐观。

概念与设计过程

张斌：这个建筑还有一个有趣的地方，即概念与现象上的反差：从形态关系上预判，似乎是一堆独立的方块房子间的开放的街巷联系关系；但是实际上的空间组织关系却是大舍惯用的类似于江南宅园水平并置关系的上下差异并置，底层是以廊道串联庭院／广场的高密度连续尺度的体验，而二层以上则是与形态关系吻合的街巷串联花园的低密度分离尺度的体验。这种反差是随着概念一起设定的，还是适应实际的使用要求的结果？

柳亦春：这种反差基本上是适应使用要求的结果。这个项目从一开始在对所有因素综合考虑之后，被设想为一组小建筑的聚集体。但体量间风雨无阻的联系仍是必要的，从具体的功能分析，这个联系只要底层有就基本可以，但从交通空间的效率及消防因素来考虑，各体量在每层间的联系又成为必然。通常从设计概念出发，我们总是倾向于尽力保持最初的概念。就这个项目而言就是去维持体量，但设计过程中，因为各种设计中不断介入的因素所导致的对概念的削弱也未必是件坏事，让这些因素介入并加以控制，

西立面

外部空间

反而是完成一个整体性好设计的积极做法。最终我们选择了在空间及形态上都趋于强化的位于一层的各体量间联系，也就是以廊道串联庭院／广场的高密度连续尺度的体验，而二层以上则是以呈现体量为前提，从形态上弱化相互间的联系。所以这种上下的差异并置是在功能前提下的自适应结果。

材料的意义

张斌： 这个房子在材料观感上的最大特点就是白色穿孔板所罩住的彩色盒子。你们这几年持续地尝试使用白色细密穿孔板的动力是什么？ 在西溪湿地酒店与螺旋艺廊，穿孔板都是义无反顾的整体包裹；在嘉定新城幼儿园，穿孔板包裹了所有的实体空间，但在与分班阳台相对应的地方留出了大洞口。而在这个项目上，穿孔板却包裹得不是十分肯定清晰，看似随机地露出一些洞口，对应实体上的一些大窗，但又比窗洞大，于是顺带露出一些彩色墙面。这个具体是怎么考虑的？

陈屹峰： 穿孔铝板其实是从夏雨幼儿园就采用了的材料，当时使用这个材料是考虑了色彩的耐久性问题。因为在江南多雨的气候下，铝板面的彩色氟碳烤漆比彩色涂料要耐久，夏雨幼儿园使用的是平板穿孔铝板，龙骨比较密，造价相对有点高。后来在南京吉山软件园的项目中，我们首次使用了瓦楞穿孔铝板，因为瓦楞的处理，使铝板在一个方向上的刚度加强了，如果沿瓦楞方向竖向安装的话，每层只需要层间上下两道横向龙骨即可，而且铝板相互间的拼缝因为瓦楞的原因也被消隐了，建筑外表可以更为纯净，从建筑内部看出来，也可以把所有的龙骨避开，穿孔的瓦楞铝板从室内看出去如薄雾轻纱一般，而从外部看，因为光线、光源方向的不同，使用了穿孔铝板的立面会展现出不同的透明或不透明效果，这令我们很感兴趣，它一方面使建筑变得轻盈，很符合江南这个地区的气质；另一方面，一个比较工业化的材料，经过建筑师的处理及使用，展现出别样的富有人情味的特质，也就是说，即便使用当代的新材料，我们仍有可能以自己的方式将地方特质携带进去，这是一件有意思的事情。

每一次使用这个材料都会有一些心得，比如穿孔率的变化，比如色彩的明暗度和穿孔率的关系所引起的材料在建筑上的实际表现等，所以每一次新的使用都是将上一次的经验继续完善的过程。使用穿孔铝板，遮阳也是一个因素，当然更重要的考虑仍是色彩及质地的耐久性问题。作为青少年活动中心，使用一些鲜艳的色彩仍然是我们的想法，我们希望这些色彩也能延伸一部分到室内，所以这一次使用了彩色的涂料，被白色的穿孔板罩住以后，这组建筑不至于过于鲜艳而从周边的环境中跳出来，但后部的色彩在不同的光线条件下若隐若现，这是我们想要的效果，为了提示和强化色彩的存在，穿孔板在立面上的开口有意露出一些彩色的墙面。随着天候的影响，这些色彩会变淡，但整组建筑却不会因为这些色彩变浅而变得暗淡。

当然，刚才都在谈具体的效果，其实最根本的，还是想运用瓦楞穿孔板这个材料，实现建筑体量的纯净性和抽象性，从而令这组建筑最初的设想，即"一组体量的聚集体"的概念实现出来。当然，并不是只有这个材料才能完成这个概念，是因为我们逐渐熟悉了这个材料的缘故吧。

抽象性与具体性

张斌： 你们近期一直关注抽象性的问题。我理解，由于建筑师在整个建筑生产中的角色决定了建筑设计的思考离不开抽象性。建筑师自己无法也不必像产品设计那样以1:1的实样来推进设计与生产，必须依靠缩尺图纸与模型作为中介物来与整个工业体系分工合作，这样一来建筑师必须依靠抽象性作为工具来生产。除了工具上的抽象性，还有审美意义上的抽象性，就是伴随现代主义而来的在形式上对于纯粹性和精神性的极致追求。你们对于这两者的关系是怎么看的？具体在这个项目上又是如何思考抽象性这个问题的？

柳亦春： 最近看到一段伊东丰雄和石上纯也的关于抽象性的对谈，伊东说"最近在各种各样的地方，有各种各样的人在讨论抽象性、抽象的图，也出现了各种各样的抽象。"在《西泽立卫对谈集》这本书里，西泽立卫、伊东丰雄、原广司、石上纯也、藤本壮介等建筑师之间大量地谈到了抽象性的问题，"抽象"这个词确实是可以有各种各样的理解。我的理解是，如果抽象性是与具体性相对来考虑的话，它更多地是基于理性思考的过程或结果，而具体性则是和具体的物的呈现有关，因而和对物的感知性认识更为密切。抽象性就像某个数学公式、某个物理或化学的原理，它是很多具体现象背后的深层结构，一个具体的现象可能暗含着很多的抽象，不同的人会捕捉到不同的东西吧。

在这个项目里，对青浦老城区的小尺度城市空间尝试着以一组适当大小的方块形体量的聚集来再现，这就是一种抽象的方法，在这个过程中必然会丧失很多具体的东西，但通过这个方法，我们既可以保留一些东西，又有机会产生新的具体性，也许我们的主要目的还是产生新的具体性。比如设计夏雨幼儿园的时候，我们把上部低密度的小体量和下部图底反转的小院子高密度的空间相叠加，并以此对应江南园林中"园"与"宅"的并置，这种抽象的、图解式的对应方法当然不可能再现一个明清的园林，但人的记忆有时会以这样的方式出现，我们会记住一些东西，也会忘掉一些东西，这个以抽象的方式重新构筑的结构体，会由今天的具体性来演绎。所以我们的材料会是穿孔铝板而不是小青砖小青瓦。这也和我对现代性的理解是一致的，我相信人类社会将继续推演着现代性的进程，每一个历史时期都会有相应的现代性内容，并都将是科学与民主、理性与灵魂的纠缠不清，所以我们的许多建筑想来都是在一种矛盾的过程中产生的，就像我们用了穿孔铝板，却又希望能忘记它作为铝的物质本身，我们希望不要丧失传统，但还是得过新的生活。

百草园

抽象与现实

张斌： 通过抽象性的思考产生新的具体性这一论述让我想到抽象和现实的关系。记得西泽立卫和石上纯也在 2008 年的一次对谈《建筑的方法》中也说到这一问题，他们关注抽象空间融入现实空间的那种力量。对我而言，建筑只有与现实相关才能产生意义，而这种相关性既不能仅靠具体性的感官体验，也不能只求助于形式、构造、空间等物质性的抽象思辨，而是更多地依靠建筑与环境、人群、生活的互动来达成。由此而言，是否可以说我们需要一种超越理性与感性分野的抽象性，能够在一种全新视野的直观中将建筑与使用者的身体和心灵相连接？我在大舍的一系列实践中其实是看到了这种体认和努力。

陈屹峰： 老实说，你说的最后一个境界目前我们做得还很不够。我想我们目前的工作重点大概还偏于构建本体的这个阶段，要达到建筑与使用者的身体和心灵的连接，仅靠建筑师一方的工作通常是不够的。说来我们大部分的项目直接面对的都不是真正的使用者，像幼儿园、中小学等常常都是由政府代建好再交给具体的使用者，就本项目而言，使用方也是在建筑结构基本完工后才介入进来的。所以我们在开始设计时通常都会把自己想象为使用者，或者通过自己对使用者的理解来营造空间。当然这样的考虑是因为我们相信一个普适性原则的存在，也就是我们谈到的抽象性，它总是在现象的背后发生作用。人们对具体物的感知也会有共鸣，就是所谓的心灵相通吧，我发现对美的认知反而相对容易达成一致，而对具体空间的使用、人群生活的习惯而言，这种相通比想象的艰难一些，实际上这也更接近建筑乃至社会的本质。比如青少年活动中心的这个"百草园"，我们设想着未来小朋友们可以兴高采烈地在其中辨识各种花草，而老师们关心的却是不要让小孩子在里面磕碰到自己，所以他们正在考虑的是如何用围栏阻止孩子们进入。

柳亦春：我忽然想起日本建筑师手塚贵晴曾介绍他在设计那个圆环形的藤幼儿园的时候，园长明确向他表示可以允许小孩子跌倒，应该让他们从小勇于面对挫折。我非常喜欢那个设计，我认为手塚在那个幼儿园中做到了张斌说的建筑与使用者的身体和心灵的相接，这也是我们建筑的目标。我们期待在青浦青少年活动中心的庭院、花园、街巷、平台上能看到自由奔跑、嬉戏的孩子们。但我们显然还没有做到真正的收放自如，有时刻意的设计会限制自由，归于平淡的过程真是要假以时日的。

工作方法

张斌：最后想谈一下你们的工作方法。这是一个基本由位置、布局、流线和使用状态支持的设计，而非由空间造型支配；同时那些大小单体除了剧场之外，都归为一种既简单又通用的类型；你们关注的是这些物体之间、物体与人之间的关系。这些都是我从大舍作品中经常能读到的品质，而这种深思熟虑之后流露出来的品质应该是和你们的工作方法相关的吧？比如对于具体问题的直面，对于设计资源组织的理性思考，对于平面关系的重视和把控，不完全依赖于模型的辅佐，等等。

柳亦春：是啊。很长一段时间我们都在苦苦摸索着有关工作方法的问题，类型、图解、以及你提到的"关系"等等。今天的建筑设计不再局限于以往建筑师用一张草图勾勒出脑海中的形象的那种非常个人化的设计，而是要更多地进行团队作战，以面对大量性、大规模的建设，但同时我们又必须保持个性、保持对社会问题思考的连续性，工作方法真的很重要。通常我们在确定设计方向后，在如何呈现"关系"上是开放的，希望事务所的建筑师都能够参与到构建关系、构建基本结构的工作中。一旦确定了大结构，对具体问题的解决则又是收敛的，比如材料的选用、构造的处理等等。你我这一代建筑师，始终是把平面放在很重要的位置的吧，至少我的所谓抽象性思考基本都是借助于平面来完成的，柯布说"平面是生成元"（Le plan est le générateur.），这仍然是我习惯的方法，我总是会看着同事们正在制作的卡纸板模型以及电脑中的三维软体模型，思考着我心中的平面，在我的心里，平面和空间是没有界限的。

（本文原载于《时代建筑》第 126 期，2012 年 7 月）

1. 石上纯也 VS 伊东丰雄，空间谈议：神奈川工科大学 KAIT 工房的抽象性与 30 岁建筑家的感性，http://kenchiku.tokyo-gas.co.jp/live_energy/space/52.php

2. [日] 西泽立卫 编著，谢宗哲译，西泽立卫对谈集 [M]，台北：田园城市，2010

3. 西泽立卫 vs 石上纯也，建筑的方法 [J]，JA, 总 72 期

4. [法] 勒·柯布西耶著，陈志华译，走向新建筑 [M]，天津科学技术出版社，1998

1

3

1. 北侧鸟瞰图
2. 北立面局部
3. 水庭

带水池的内院

祝晓峰 × 柳亦春 × 陈屹峰

关于"抽象性"——青浦青少年活动中心对谈（续）

2012 年 6 月

延续着张斌与大舍的两位主持建筑师的对谈中关于"抽象性"的讨论，祝晓峰与两位建筑师展开了更进一步的交流。从"抽象性"在不同层面上的意涵，到建筑与建筑学的当代境遇，再到大舍对具体设计过程的剖析和对自身发展阶段的反思，这次的对谈走向了一种境地，在那里，往常不易言说的事物被清楚地呈现了出来。

概念与建构

祝晓峰： 可以说青浦青少年活动中心从投标的方案到最终完成的方案，从概念上保持了一种惊人的一致性，甚至包括功能的位置。从这一点也可以反过来验证你们对概念的坚持和强大的信心。尽管你们对建构和施工上有些不满意，但是概念本身还是"被完成"了，并得到了很强的贯彻。

我刚刚所画的图示是基于张斌老师和你们的访谈。一方面，他谈到了许多问题，这些问题涵盖了多个方面，包括概念的、建造的、工作方法的。这些问题很好，但是我更想抓住一点深入挖掘，去了解你们设计背后的东西。

我选择了一个最重要的词，就是"抽象性"。这个词不光在这个作品，在你们的其他作品中也都能够被解读到。"抽象性"首先是一种呈现，从你们的很多作品中都能够看到这种呈现出的抽象表达，从某种程度上，这种抽象表达也有助于让人们更多地感受到概念的呈现，这一点是毋庸置疑的。但是，我本身是非常中性地看待"抽象性"这个词本身的。这个词在我的观点里，是双面的，既有积极的方面，也潜在着一定的危险，而且，"抽象性"也同时是关于概念和建构两方面的。这正是我想讨论的。

刚才我看到你们一直在点头，好像是对我所说的对"抽象性"的看法和总结的一种认可，当然，实际上（可能）未必如此。那么，我的第一个问题是，你们是怎么看待"抽象性"在所有作品中的作用的？你们是如何运用它的？第二个问题是，"抽象性"在这个特定的青少年活动中心项目中，它的作用是什么？

柳亦春：这首先得谈谈如何定义"抽象性"，因为它可以在不同的范畴里呈现。从不同的角度去看，概念的或者是表达的，它的涵义都会不同。在建筑设计里面，我觉得至少可以从这两个角度去讨论。

一个是与设计的概念相关的，我更愿意以"理性"这个词来对应它。

比如在这个设计中，最初的思考出发点是从青浦新城的城市空间尺度开始的，我们在青浦实践的时间也蛮久了，一个很确定的认识就是青浦新城的尺度太大了，为什么我们总是会偏爱老城的小尺度？有一个原因就是老城的尺度比较小，更接近于人的尺度，而关于这个尺度的认识，抽象在脑海里，就是一个个小的体块，这些小体块之间会有着某种奇妙的关系。这就是一个抽象的概念，具体到这个设计中就是把对老城的印象抽象成一个个小块块并使之以某种方式聚集的做法。

另一个可以谈"抽象"的角度是和形式表达有关，比如关于体块的处理，我们会倾向于把建筑处理得比较简洁、抽象。通常的方法就是将建筑抽象成一个方盒子或者一个包檐的坡屋顶的房子，甚至想着屋顶的材料和墙面的材料是一样的。这个时候可能就会无视坡屋顶和墙面的材料性和其内在抑或外部建构的具体性，我们都很清楚在传统建筑中为什么坡屋顶会用瓦，而且是挑檐的，而墙面是白色的粉刷。在当代建筑中，新的建构逻辑因为一些来自抽象层面的思考介入，我们可以混淆这两个部位的建构方式，比如八年前我们在朱家角设计的尚都里项目，当时曾想用小金砖和望砖的组合来完成屋面和墙面抽象性，最近这个项目建的差不多了，最终是在屋顶和墙面均采用了黑色洞石这个材料。同样的黑洞石面层构造在墙面和屋顶呈现出一种微弱的两面性。这种牵涉到建筑具体表现方式上的抽象性，比如极少主义，我觉得应该就和这个有关吧。

潜在危险

祝晓峰：这点我非常认同。实际上在我刚才画的图示中，就是将"抽象性"划分为这样两类的。其中一类就是你们在群体组织中所表现出的整体性、概念性、抽象性。你们不会做一个巨大的体积，是因为你们对新城尺度的批判，或是出于你们在自己的文章中所总结的"离"，当然也是对传统的回应。你们所考虑的这个事情是和城市有关的。而且在你们具体的工作方法中，你们提到过用平面作为发动机去思考建筑设计。从刚才的那张模型照片中，很有意思的一点是，虽然这个模型是做了二层的，但是我印象很深的是，二层廊道是用透明的玻璃材料做的，并穿透进入建筑体块，所以可看出平面的控制性。在别的访谈中有人提问，底层的平面组织和二楼的庭院组织存在差异性，并且认为这是后面出现的一种系统和它叠加后产生的一个自然结果。这些我都能够理解。

我想，这种群体关系背后支撑的，是一种呼唤多元化的城市主张，因为小尺度和小街区，其实是呼唤在街区内部体验到的一种丰富性，或者平民化、进入性、单一性的方式。其实，我所说的这些话已经开始逐渐引向抽象性的潜在危险了。我想听听你们在建构方面的回应，这一点是很多现代的建筑师在做单个项目时，都需要回应的问题。我在建筑里参观和看照片时，感受到在你们的作品中，对于建构本身有一种纯化的倾向，对材质和构造的处理相对匀质性。针对这个特定的项目来说，你们有意地在去除材料性，有意地减弱质感的呈现。比如说穿孔板的运用，虽然每个盒子有不同的色彩；比如门在你们最早的想法中是用白色，虽然最后使用的是实木色；比如灯具的运用；比如扶手所采用的白色钢板、白色栏杆，这些都是你们有意地纯化。而相对浮现在前面的，是色彩。色彩在这个建筑中是被你们"操作的"，有鲜艳的，有半透明的，但是色彩相对于材质来说，其实也是一种抽象的呈现。这会让我感觉到，由于对构造和材质处理的匀质性的方法，导致人在建筑中行进时，在每一个个体空间中的体验有一种匀质化的倾向。

但是，同时我们又能看到另外一种现象，比如我很喜欢的紫藤花园、百草园，我没有那么喜欢水园和图书馆的内部。当我看到这些具象的被赋予一定主题的庭院的时候，我产生了一种猜测——是不是你们很自信，虽然建筑被匀质化地处理了，但是却可以依靠每个庭院和每个室内空间在将来的使用，来赋予建筑的丰富性，来解决空间匀质化的问题？出于对抽象性的执著，造成你们的建筑的最终呈现是一种一体化的而非多元化的结果，而这与概念中的城市街道的丰富性是有一定的矛盾，并潜在着危险的，你们有没有对这个问题纠结过？

柳亦春：你已经替我回答了，呵呵。

第一，做这个设计的出发点并不是多元，所以匀质化并不是问题。

我们并不希望建筑的体块用一种多元的方式来做，毕竟它最终将呈现的是一栋建筑，当然这也并不是说假如用一种多样化的方式来做就不会形成一个整体性的建筑。我们只不过是借助于城市的组织模式，设计了一个有着小城市特性的建筑，目的并非为了体现体块的多元性或者再现城市的丰富性。但是，在组织这些体块的时候，我们也做了一些与功能关系上的对应，虽然使用方介入后也有打乱，但是在设计的时候，一个体块尽量对应一种功能，比如，这个体块全是书画的，这个体块全是音乐的。

第二，我们在设计时也没有纠结过，摆明了就是往纯化的方向做的。就像你所说的，通过屋顶的花园平台等户外空间，确实也是想要塑造出一种多样性，不过与其说这是一种多样性，不如说是一种趣味性。这种趣味性是因为既然把这个建筑想象成一个小城市，那么在这个小城市中就有各种路径，一层的从院子到院子，或者通过楼梯或坡道上二层巷道、再深入地上三层的屋顶平台等等。这些外部空间的路径都可以迴转通连。在这些路径中行进的时候，能够感受到这边串联了一个院子，那边是一个可以眺望远方的平台，这边又是一个具有较高围合的空间或者露天剧场，院子有的是种紫藤的、有的种了桔子树……那个百草园是后来加的，是因为主入口的位置在使用方介入后改变了的缘故。这个院子原来是作为东入口广场的，后来使用方表示从管理的角度考虑，大部分时间不会使用这个入口，在具体的使用中就会成为一个尽端的空间，所以我们将它从前入口转换为了后花园。原来在地面层设置一东一北两个院子以及中间的水院，是希望城市的人可以从未来东南方向的地铁站通过这三个院子作为他们每日的城市生活旅途中可能的捷径，人们可以自由地穿越这个建筑，将城市生活融入这个建筑群，从而展现这个建筑作为以"记忆呈现"的方式来再现一个小城市的初衷。幼儿园会有很多家长来接送小孩，也希望这些家长能够自由地停留或穿越这个建筑。对于使用这个建筑的小朋友们来说，花园、院子、巷道、廊道，可以让他们有许多故事展开，不同故事在不同的空间里发生。

屋顶的紫藤花园和做了太阳能板的蔷薇花园都是一开始就命名了的，原本希望把屋顶的外部空间做足，但是深化的过程比较匆忙，在施工图过程中逐渐出现的一些必须解决的问题，比如空调机的位置，当把空调机放到屋顶之后，屋顶的户外空间逐渐被弱化了。

祝晓峰：弱化是指面积缩小了，还是其他？

柳亦春：一方面是面积缩小了，另一方面是做施工图时，由于设计进度要求得很急，当精力被集中在解决大量的技术性问题时，屋顶花园一度被忽视了。因此屋顶花园和建筑在建构上结合得并不是那么的紧密。直到后期做景观设计的时候，才重新回到把屋顶花园作为一个相对重要的角色来考虑的阶段，想要多给绿化一些空间，给绿色植物留出更多的舞台，不过那时已经有点晚了。

陈屹峰： 我觉得晓峰的这个问题挺好。我们撇开这个房子不说，我也一直在思考抽象性的问题。实际上，我认为抽象性，是再现某种东西的时候谈的概念，例如绘画会根据对自然的再现程度分为抽象绘画和具象绘画。我觉得不光是我们，很多当代许多建筑都有这种接近极少主义美学和抽象的倾向。但是从我的经验和看房子的过程中，会有一种体会，即当代的房子在照片和图纸上看都很鲜明，但是进去看的时候，会觉得好像有点"不太够"。

祝晓峰： 你觉得的"不太够"是指什么？

陈屹峰： 是指丰富性的欠缺，就我们自己做的房子而言，也有这种问题。有两类建筑，一类是早期的现代主义建筑，例如阿尔托和柯布的作品。早期的现代主义建筑是很丰富的，它会调动很多因素去呈现，比如尺度，材料的变化，光线，空间的形状等等，比许多当代的建筑要丰富很多。另外一类建筑，比如米拉莱斯的作品，它们和许多现代建筑不一样。今年我去看过米拉莱斯做的苏格兰议会大厦，从照片上看觉得东西实在是太多了，但是现场的感觉就很好。这就存在一个很大的反差，就是当你置身于建筑内部，感受到建筑庞大的尺度的时候，与你看图片的时候，感觉是不一样的。米拉莱斯的建筑中有许多倾向于自然表现主义的手法存在，例如棱形的柱子等等。建筑包含的东西很多，但是却呈现得非常丰富。

这些例子会让我们反思现在中国做建筑的方式。很多当代建筑会追求一种鲜明性，要让人一眼能够抓住，现代的传达媒介也起到了关键的作用，因为很多建筑都以图片的形式出现。但是我觉得，现场这一方面是不足够的。这也是我在接下来做房子时需要去反思的一件事情。

建筑学与建筑

柳亦春： 刚刚陈屹峰所谈论的内容，我觉得涉及了一个讨论范畴的事情。一下子可能说不好，但有这样的感觉，一个是建筑学范畴，一个是有关具体的建筑的范畴。陈屹峰刚刚说到的基本是关于具体的建筑的现场感的事情。当我们讨论建筑的好坏时，特别是针对一个具体建筑的讨论，它会和一些具体的人发生关系，比如使用的人是不是喜欢，我是不是喜欢等等。那么，这就会出现一种反差，建筑师想的东西和使用者喜欢的东西之间存在的一种距离。还有就是每一个人，就像我们之间，因为某一段时间思考问题的侧重点的偏差，会导致不一样的看法。另一个范畴是针对建筑学的讨论，这有时是可以抛开使用者进行讨论的。以青少年活动中心做例子，我们可以讨论这个建筑青少年是不是会喜欢使用它，也可以从城市尺度的角度去讨论，这都是建筑学范畴的讨论，但角度和结论或许会有所不同。我想说的是，一个建筑师在设计一栋建筑时，可能会延续他在某段时间内一直关注着的对某个社会问题抑或建造问题的思考，并且这个思考会通过某种特定的方式

从东北面鸟瞰

水庭俯视图

在特定的建筑中体现出来，当他去强化这种言说时，总有一些东西，甚至是很重要的东西退到后面，但这些东西仍然存在，并不是消失了。

那么，从这个角度来说，也许就可以解释为什么建筑师会想要纯净。有的时候不单单是出于视觉效果的原因，而是建筑师想要将概念表达清楚，通过建筑的语言把想要说的话说出来、说清楚，"纯化"的方式显然有利于把话说清楚。比如，刚刚晓峰提到为什么要在一个纯净的背景下，留出空间给花园和植物。你也可以把这种做法解释为对当下城市生态环境的一种反应。比如这个建筑，为了给隔壁的党校解决停车问题，整个建筑下面被满铺了地下车库，在院子里种大树的可能都没了。当下的情况就是建筑把环境空间削弱、减小了，那么我们只好在建筑里多留出一些空间给自然树木，哪怕是没有土壤的空间。当然，其实这最多只是一种姿态，就像百草园中围出的这些花坛，堆点土然后种上花草的做法，其实是一种无奈，这些花儿原本应该种在院子里和大地深处血脉相连的土壤里。某种程度上，这个百草园也许更像是一个艺术家的做法，它的背后反映着某些值得思考的现实。

祝晓峰： 对，就像是一个示范。

柳亦春： 妹岛喜欢在她设计的房子里面搁许多小小的盆花，当然有美学的成分，但是它其实是与某种当代境遇联系在一起的。很难说这是一个好或者坏的东西，它把城市环境的当代性问题以美学的方式呈现了出来。

祝晓峰：我同意你关于具体的建筑和建筑学的这种看问题的角度。但是我对你的解释不能完全认同。因为这取决于你所说的建筑学指的是什么建筑学。

柳亦春：当然，并不意味着我们关注于建筑学的时候就脱离了具体的建筑。

祝晓峰：对。从出发点的角度来说，这个建筑的出发点可以是多种的，比如基于青少年活动或者基于城市。这让我想到上学期的幼儿园设计评图，有的同学是从幼儿活动出发，有的是从小区环境出发。但是从小区环境出发的同学在最后也要考虑幼儿活动，从幼儿活动出发的同学在最后也会考虑如何把建筑落在基地中，最后肯定会有某种结合。

时代性

柳亦春：其实，我刚刚谈到建筑学范畴，是暗含了某种时代性线索在里面。我想说的是，我们在做设计时，都经常不约而同地把目光投向未来。而抽象性，我认为更多地是会与未来发生关系的那一边，而具体性，则和过去以及当下紧密相连。

祝晓峰： 我觉得是有一定的时代性影响在里面。

我想提一个人，就是塚本由晴。在塚本的建筑词典里面，建筑的具体性，如使用等具体性质，与抽象性是能够在他的脑海里被整合在一起的，具体性还成为了他创作建筑的源泉。但是我们也能够看到许多从其他角度出发的建筑师，比如伊东等反现代主义甚至超现代主义的建筑师们，其实也会受到现代主义的影响，会呈现出一种比较强烈的整体观，这种整体观根深蒂固。对于我自己做的建筑也是，我想，这是你说的时代性，大家或多或少都受到的影响。归纳到操作方式上，政府批了地，又选了建筑师做这块地，为这块地做设计就成为了一件事情，这件事情本身预示了一个整体的状况。虽然从城市的角度来说，提出了化整为零的做法，但是还是保持一种整体性。但是，我对这种做法是有一定反思的。我想引用的另外一个例子，是你们自己的作品，你们在"紫气东来"等三个不同建筑中使用了同一个螺旋的原型。三个项目位于不同的位置，你们在观念上是把它作为三件事情来考虑的，作为你们对同一种原型的三种不同的诠释，并且最终呈现出三种不同的面貌。对于这个房子来说，你们也有自己的精神堡垒，比如图书馆，我会提出一种反思，即如果当初是你们每个合伙人做其中一部分的话，是不是呈现出的整体性不会像现在这样，现在的建筑是像一个人设计出来的。

我参观的时候是带着一个问题来的。我知这是一个具有整体性的建筑。在建筑的构造与呈现上是一体化的，这是我的一个解读。我希望看看你们对于不同空间的处理，诸如有的做成百草园，有的做成紫藤园，这种处理是否有助于解决丰富性的问题，能否为这个建筑带来足够的丰富性？

我看了以后觉得丰富性其实还不够，如果里面再有三四个像百草园一样的空间就好了。但是我又在怀疑自己，因为现在这个房子还未投入使用。你们的设计已经为使用抛出了一个引子，我很期待观察那些现在还不是很特色鲜明的院子是否会在使用后达到一种丰富性。这种期待现在谁都无法证明。从目前来看，你们所给的空间丰富性的暗示还不够强，或者说还不够积极地去刺激人们赋予空间不同的主题。在未来，我是很期待看一看人们进来使用后，那些主题园会变成什么，还会不会出现一些新的园。

讲到这里，我想提一个问题，在你们自己心目中，从时间顺序上，这个青少年活动中心在你们所有作品中处于什么位置？在你们追求各种原型与变化的过程中，这个作品是处于什么样的地位？

柳亦春：比较早期。我们再做这个方案的话，可能就不会这么做了。

祝晓峰：那么，进一步地问，早期的是什么，现在的又是什么？

柳亦春：早期是比较概念的，是希望呈现概念的，是希望通过纯化的方式把概念凸显出来。其实也许说早期并不准确，应该说是前一个阶段的成熟期。我想我们已经基本完成了我们前一阶段对一种"关系"以某个概念的方式呈现、展开并且被表达的过程。往后，也许会向陈屹峰刚才所提到的阿尔托式的具体性方式靠近。但对"关系"的关注，比如你刚才提到过的"离"，并不会被丢弃，而是某种隐退。

祝晓峰： 这是你们在目前作品中已经开始呈现的一种变化吗？

柳亦春： 是，目前打算从建造的角度多一些展开。

祝晓峰： 你说的建造是指什么？

柳亦春： 就是如何建房子。比如之前设计青少年活动中心，我们先有了体块聚集的概念，为了把概念表达出来，在建筑外部包上穿孔板，里面刷上彩色涂料。现在设计的话，概念之后，可能会从怎么盖这个房子作为出发点，比如需要盖一个钢结构的房子或者盖一个木结构的房子，就会从具体建造的角度得到一个形式。这个形式的得到会和建造有关，但是青少年活动中心的这个房子的形式是一种先入为主的，是与想要造抽象体块这个概念相关的。和建造相关的另一个紧密相关的事情是脚下的土地，我们的祖先用砖瓦盖坡屋顶的房子，是和当地的自然条件有关的，我们今天经常习惯于从文化的层面去认识传统，比如我们对"离"的认识，今后，我想多一点对具体的物的认识。

陈屹峰：从设计发展过程来讲，例如早期夏雨幼儿园中将建筑打散以后重新去组织它们之间关系的做法，其实是一种自发的，而不是一种很自觉的主观介入。当做了嘉定的新城幼儿园之后，我们会先入为主地，根据和城市的关系，形成一个相对比较清晰的设计方法和理念，即把建筑适当打散，然后去重组它们之间的关系，最后通过建筑再把概念呈现出来。这个呈现的过程包括了祝晓峰刚刚所提到的去材质化和构造手段匀质化的做法，这些做法都是为了最后概念的纯净性。因为如果内部做得过于丰富，概念的纯净性会受到伤害。青浦的这个房子很有意思，它纯粹从概念出发，并且在最后很纯粹地被呈现出来了。

柳亦春将青浦青少年活动中心归入早期，也是代表了我们对现在这种操作方法的反思与重新审视。实际上，这种纯粹从概念出发，然后通过各种手段把概念清晰呈现出来的做法，也是一个比较当代的做法，有很多建筑师都这么做，我们也一直在这样做。但是这个过程中，我们发现这种方法做出的建筑丢失了一些东西，会将本来属于建筑学的一些东西摒弃在外，特别是相比于从建造和构造角度出发做出的建筑。我认为这个问题，确实是我们在做设计过程中需要回过头反思一下的。并不是说我们原来错了，而是说原来可能忽略了某些东西。

柳亦春： 也可以说，这是对我们前一阶段设计方法的总结。相对来说，这种先产生一个想法，然后把这个想法清晰地表达出来的方法，已经成为一种比较熟练的套路。并且在做设计的过程中，我们是非常有意而为之的，比如说"离"，我们会通过各种方法把"离"这个概念讲清楚，至少是对自己讲清楚，这个时候，讲清楚这件事情会变得很重要。但是现在，我开始觉得讲清楚这件事情没有那么重要了。因为我们已经思考得很清楚了，所以再往后发展的话，我们没有必要逢人就讲我们要做一个什么样的事情。这些东西应该自然而然地变成了我们做设计的养分，我们在做别的建筑的时候，它们会自然地变成设计的一部分。我刚刚说的"套路"，或者说方法，有一段时间我们对方法特别重视，想要找到一种相对具有延续性的方法，也会有益于事务所团队运作的方法，比如图解。我在做岳敏君工作室设计的时候，开始时很兴奋，后来忽然意识到这种方法把一个问题简单化了，我觉得这样发展下去确实有某种危险性，图解就是对"关系"的一种抽象化的呈现嘛，它可以把一件事说得很好，但也确实忽略了别的很多事，建筑确实不是一件事儿的事儿。

祝晓峰： 这个方案是在嘉定幼儿园之前吗？在我看来，嘉定幼儿园本身不具备"离"的特质。

陈屹峰： 嘉定项目在这个设计之前，和这个项目相比的话，这个项目更概念一点。不是说表达得更概念一点，而是说，由于项目时间短，所以由一开始不自觉的思考阶段到最后施工图出来的 5 个月时间里，这个项目无论是从思考入手到概念呈现，还是从方案到施工图，都是一个相对比较单纯的过程。设计过程很清晰，基本没有受到外界的干扰。在设计过程中，我们也刻意地去坚持项目的出发点和概念。

对于嘉定幼儿园来说，嘉定的幼儿园中我们通过穿孔铝板的处理，把内部的关系表达得很暧昧。在嘉定幼儿园建成之前拍的照片里面，所呈现的其实就是青浦青少年活动中心的这种关系，或者说是夏雨幼儿园的一个垂直翻转，但最后在外观上通过穿孔铝板幕墙，把这个关系弱化了。这是因为嘉定的场地条件和青浦的这块场地条件不太一样，场地面积很大很空旷，必须和空旷的场地保持一种对峙的关系，所以就使用了穿孔铝板将其体量化，出现了最终的半透明状态。

祝晓峰：其实体量上是和青浦项目相似的？

陈屹峰：体量上相似，但是会高一些。同时，由于建筑后面有一个纯粹的交通空间，所以最终的空间感觉和青浦项目是不太一样的。但是，基本观念和青浦项目还是很接近的，都是通过打散体量后组织一种新的关系。与青浦的房子相比，嘉定的房子更带有表现主义的色彩，所以丰富度会相对高一些。而青浦的房子是相对干净和自然的，没有很多表现和刻意的设计，例如嘉定的幼儿

图书馆

园有折线的运用、大小尺度洞口的对比等。

柳亦春：我觉得最终这个建筑建出来，还是具有强烈的表现性的。其实，我一直希望能达到一种表现性越做越弱的状态。总的来说，青浦这个项目还是显的比较单薄，我希望能够越做越醇厚，这可能也与年龄的增长有关系吧。

祝晓峰：我会想到建筑的这个问题，正如我之前写到的关于夏雨幼儿园的评论，这篇评论其实是有批判性的，虽然当时的想法并没有这么强烈。当时觉得夏雨幼儿园的整个概念非常好，可是隐约感觉到并没有看到建筑和一些小尺度东西的很多关联。经过了这么多年与你们的交流，我的想法有一些变化，会想到表现性的问题。如果这个项目不是青少年活动中心，没有青少年这么丰富多彩的活动，而是一个单一功能的项目，那么，你们看"丰富性"问题的方法是否会不一样？

陈屹峰：对，出发点会不一样。

柳亦春：这个项目在涂彩色涂料之前就是一堆素白的房子，特别在刚抹完外墙腻子没有上涂料的时候，感觉特好，更醇厚。

陈屹峰：看上去也更真实，穿孔铝板有点超现实。

柳亦春： 这也是当代社会在我们身上的一个反映吧，当代社会就是想要这样的东西，建筑师有时也是很难摆脱这种影响，我们也恰恰以这样一种方式反映了这个时代。

天真

祝晓峰： 对于你刚刚说的阶段，我也是很认同的。我试图对此进行一个总结。刚才我追问你早期是什么，现在又是什么，通过你的描述，我姑且将它总结为早期是一种图解。

柳亦春： 这么说吧，早期其实应该是一种无意识时期，中间的成熟阶段是图解，所谓的图解阶段就是我十分清楚我想要做什么，做了，然后表达了，最后完成了。

陈屹峰： 其实早期也不能完全被称作无意识。早期的设计其实是本着解决问题出发的。基于基地的情况和功能的需求，建筑师选择入手的角度和方向的判断。

柳亦春： 这个过程更多是自发的。

陈屹峰： 对。当时这么做和现在这么做的结果可能都一样，但是现在这么做的时候，我的脑海里是很清楚的，为什么要这么做以及这么做的必要性是什么。在更早的时候则不是，是凭直觉去判断的。

柳亦春：对，其实建筑里很多很诱人的东西是凭感觉和直觉做出的，越凭直觉做出的东西越容易感人。

祝晓峰：对，很多设计之后可以去总结当时的做法，但是总结出来的方法却永远做不出来原来那种感人的东西。

陈屹峰：对，太理性的建筑缺少了一种天真的状态。

柳亦春：我们在做夏雨幼儿园时候，花了很长时间研究园林、研究路径，研究得其实不是太明白，在最后做出的方案中就有许多天真的东西。

陈屹峰：佛罗伦萨 Brunelleschi 设计的穹顶和米开朗琪罗设计的罗马圣彼得大教堂穹顶相比较的话，就是这种状态。当 Brunelleschi 做穹顶的时候，他对结构只有一个大概的概念，在建造的过程中，哪里不够就加一根梁，但是最终的成果我觉得就特别好，是一种处于理性与感性之间的东西。但是到了米开朗琪罗做穹顶时，是对穹顶的做法十分清楚的，所以他做出的穹顶，就是将圆划分成 12 份，然后不停地向上搭建，最终的成果也很好，但是我觉得失去了天真的状态。

祝晓峰：对，而且 Brunelleschi 做的过程中是不断调整的一个过程，并且被记载下来，他做出的是一个活的东西。如果 Brunelleschi

从头到尾什么都想清楚了，最后的结果就不一样了。

陈屹峰：对，米开朗琪罗的穹顶是很美，是由理性带来的，但却缺失那种原始的天真状态的感觉。

新的具体性

祝晓峰：那是否能够将你们现在的阶段称为建构阶段？

柳亦春：现在的阶段其实是一个自我反思的阶段。因为抽象的东西确实会丢失建筑的一些东西，所以我想在建筑的建构具体性和材料的呈现上有所突破，但也不会忽略抽象性。

祝晓峰：就是说现在是一种对具体性的重新关注？

柳亦春：对，而且希望是一种更新层次的具体性。之前在做螺旋艺廊的时候，开始楼梯都是想用水泥浇的，后来做着做着还是想用石头。我希望时间感和材料本身的特性能够在这个螺旋的抽象图解中也有所呈现。

祝晓峰：有了石头之后，反而使建筑具有了一种更强的生命力。建筑反而变得更好了。

陈屹峰： 确实，建筑学的内涵其实是很丰富的，但我们以前对材质，空间语言等方面关注得还不够。

柳亦春： 我想起上次和晓峰一起与坂本一成有过关于抽象性的谈论。在谈话中坂本被问到对西泽立卫的森山住宅的看法。坂本觉得西泽的房子太抽象了。当然，他首先是承认这个作品是一个 master piece，是一件很好的作品，但是他也觉得这个建筑丢失掉了很多东西。不过反过来想，如果不丢失掉这些东西的话，也许就做不成这样的建筑。而且，对于具体的生活，不同的人会有不同的理解以及态度。

陈屹峰： 对，这是很矛盾的一件事，就看建筑师想要什么东西。

祝晓峰： 我之前去过那个房子。去过就会发现，虽然房子那么抽象，但是由于里面有不同住户的使用，所以带给整个房子一种丰富性。

陈屹峰： 我也一直在琢磨这件事情。建筑的很多做法，其实是在一定尺度下成立，而在其他尺度下不成立的。比如，森山住宅在这个尺度下很好，再给它增加丰富性，反而会成为一种伤害。如果将森山住宅放大两三倍，那么原来的这种做法就不能成立。他们的这些探索绝对是和尺度有关系的。

祝晓峰： 所以有理论家认为所有问题都可归结于尺度。对于青浦青少年活动中心这个项目来说，地上建筑面积有 6600 平米，正因为这个项目包含了很多的内容，所以你们才会想到"离"这种操作方式。在螺旋艺廊中，因为只有 250 平米，所以就当作是一个原型来做。

柳亦春：嗯，"离"。现在我对"离"给出的新定义是"缺席的在场"。

陈屹峰：它实际上代表着一种关系，这种关系不只是简单的分开。比如"交织"也是一种"离"。

祝晓峰：那么，我脑海中的未来是图解和建构的一种融合。在我的理想中，图解是能够和建构相结合的。那么，在我脑海中，哪些建筑实现了图解和建构的结合呢？就比如卒姆托的 Vals 温泉浴场。我认为它就是一个图解和建构融为一体的建筑设计。

柳亦春：但是光有这种方法并不意味着一个好建筑。

祝晓峰：还有再早的 Kimbell 美术馆，也是建构和组织关系的结合。

柳亦春：前年我去过 Vals 浴场，却并没有我想象中的那么好，当然已经是极好了。

祝晓峰：那是因为，在认识发展的过程中，你去的时候相对于我去的时候要晚。

柳亦春：呵呵，也许是因为当时我还看了他在 Haldenstein 续建的混凝土自宅，我觉得这座住宅比 Vals 浴场要好很多。这座建筑的好与它的花园是有关系的，这也是我为什么忽然开始对植物有点兴趣了（笑）。我想卒姆托为伦敦蛇形画廊设计一个花园显然也是在自家花园中悟出的心得。他所营造出的是一个有生命的空间，这种与自然的远山近草的关系，比 Vals 那种厚实硬朗的"洞穴"式的空间更近人情、更有诗意吧，Vals 其实有点梦幻、甚至是神性。在 Haldenstein，建筑与植物的生命完全是息息相关的，这时建筑基本已经完全隐形了，但是，如果没有建筑的围合，这个空间又是完全不行的。

祝晓峰：Vals 中也有和自然的各种借景关系，但是可能没有你说的住宅中的关系那么亲近。

柳亦春：Vals 温泉浴场做得其实有点刻意了，或者说它有着强烈的控制人的意图。而他的自宅就做得很放松，在里面的人也很放松，没有任何形式上雕琢的痕迹，十分本真。这么讲不是说卒姆托在设计时没有进行形式上的雕琢，而是形式最终退隐了。

立 场

祝晓峰：我想在最后谈一谈社会性的问题。在刚刚参观建筑的过程中，我问了许多关于建筑路径的问题，比如你设计了许多小街坊式的空间，但最后还是截止于基地边规划好的大路，而且大路的对面是没有这种肌理的，所以这种小体块和街坊式的组织方式，更多的其实是一种对新城尺度的批判。我想问的是，难道我们以后只能用这种方式对新城尺度进行批判吗？

柳亦春： 不，这其实是与建筑师的个人心态有关系的。我们这样的建筑师肯定是对社会现状有一些看法的，这种看法会流露到你的建筑中，这样做出的建筑必然会有某种批判性。我们会存有一种愿望，希望去通过某种方式改变一些不理想的现实。这种愿望可能是潜意识的，并非建筑师一开始就试图去做一个批判性的建筑，去批判新城的尺度，但是在最终采取的适中尺度的做法的背后，确实隐藏了对新城尺度的批判。建筑师希望通过自己的努力去揭示某个社会问题，虽然可能改变不了，但是将问题揭示出来也是我们建筑师的价值所在。

祝晓峰： 我猜测像库哈斯可能会采取另一种态度，采取一种拥抱的姿态。同样是做青少年活动中心，他可能会把它做得像一个shopping mall 一样的建筑，人们在里面各得其所。

柳亦春： 目前为止，我不会这样做。

祝晓峰： 当然，OMA 其实不一定会真的这么做，它也会根据不同的地方做不同的事情。比如在荷兰大学校园里做的学生活动中心，它是一个整体的建筑，但是你会看见建筑在很多个方向上会有很多人可以进入。建筑是基于有马路交汇的现实而被这样建起来的，导致最终的内部空间感受十分舒适自在。在这座建筑中会有一种彻底的愉悦感，这种愉悦感来源于一种平等和放松。从外面进入建筑的时候，我不会觉得建筑在压迫我。相比之下，对面的 Wiel Ares 的乌德勒支图书馆黑色的大体块会让我觉得窒息，虽然它的建筑结构和构造都做得很棒。

在参观青少年活动中心的过程中，我没有感觉到窒息，这恰恰是因为建筑不是一个完整的大体块，而是在内部松开变成了许多的小体块。那么，如果设计师一开始就认识到，即便建筑师做了分散式的建筑去批判新城尺度，但最后建筑还是会被业主用围墙包起来，那么会怎么做？可能会有另外两种做法。有一种做法就是做一个像 mall 一样封闭的，只有一两个入口的建筑，便于管理，然后在内部再塑造一个很开放的很有意思的空间。另一种做法，可能就像坂本一成一样，会预先设计一个户外围栏把建筑围在场地之中，在这个围栏的里面，再塑造有外部空间和内部空间，房子只占 1/3，另 2/3 作为绿化，然后在这个里面建立一种自由。对于这两种方式，你们觉得是不是也可能作为批判的其他表达呢？

陈屹峰： 我觉得可以接受，但是这个问题是需要具体问题具体分析的。

祝晓峰： 我觉得如果做一个 mall，柳亦春未必能够接受，因为它的尺度很大，是和你的想法背道而驰的。

陈屹峰： 我觉得尺度问题是可以处理的，尺度并不是判断做这个建筑是否正确的唯一标准。但是会存在建筑本身和基地的关系，就比如你刚刚虚拟的坂本老师的做法，其实在这个场地上是做不出来的。至于基地大一倍的话，我们是否还会采取现在的做法，我们的答案是未必。对于你设想的 OMA 的做法，我个人觉得未尝不可。建筑师可以去抵抗现状，也可以去顺应现状。这取决于建筑师的立场所在，建筑中不存在唯一的价值判断。有人甚至会觉得把建筑做成 mall 是一种更批判的态度，而从当代建筑的角度来说，顺应更具有当代性，抵抗反而不占多数。

祝晓峰： 那么，你们觉得哪些做法对未来是更有价值的？

柳亦春： 都是有价值的，区别在于立场。

（本文删节版发表于《Domus 国际中文版》第 67 期，2012 年 8 月）

（感谢刘一歌对录音初稿的记录整理）

2

1

3

4

5

1. 供小朋友们活动的庭院
2. 从东南面看到的外部
3. 二层的巷道空间
4. 一层廊道空间
5. 一层廊道空间

二层平台 - 球类健身馆与游泳馆之间

王方戟 × 张斌

抽象与丰富之间——关于安亭镇文体活动中心的对谈

2011 年 12 月

安亭镇文体活动中心从创造开放、自由、与城市互动的空间格局出发，以简洁、高效的布局及流线组织方式来回应项目功能的极端复合：用一个紧凑的架空公共活动平台将游泳馆、球类健身馆、文化馆和电影馆四个看似抽象的独立体量联成一体，形成了错落有致的广场、庭院、运动场地和空中花园等各种丰富的城市开放空间，并为这一地区的城市功能转型提供了一个具有积极都市性的空间支点。本文通过王方戟与致正建筑工作室主持建筑师张斌的对话，围绕安亭镇文体活动中心的建筑设计讨论了建筑师对基地进行认知的角度、在设计中选择材料的方法、通过恰当预判掌握项目发展方向、以及几何控制与设计之间的关系等问题。

设计的开始：场地与预判

王方戟：我想从一座建筑设计工作的开始问一些问题。今天我们走在建筑的周围，感觉到场地中有一种开放而细腻的感觉。但是，当我们稍微离开一点建筑，或者向四周环视一下，可以感觉到建筑的整个外围环境并不是很让人满意。新建筑的介入让场地及更大范围空间的性格产生了积极的变化。于是我便很好奇，很想知道你们最初接触项目，刚刚看到基地的时候对这块基地及其环境的印象是什么？你们对新建筑介入场地后会使场地产生变化的判断是什么？

张斌： 这块基地在安亭镇区的最北端，整个安亭北镇区正处于上海郊区这二三十年形成的典型的犬牙交错、不连续、不稳定的工业与民用、交通设施等混杂的城市景观中，基地北侧不远就是城际铁路、保安公路和京沪高铁三条平行紧挨的交通动脉，但是镇区仍试图跨过这三条阻隔继续向北延伸。这里以前是一个待拆迁的工厂，我们来时已经拆得差不多了，东面河对岸就是巨大的上海大众一厂，周围也基本全是尺度不一的厂区；而西北角的马路对面是一个新建的巨大超市，意味着镇区正在向北"蛙跳"前进，周围除了大众厂之外的工业用地都有可能像这块基地或者那个超市一样经历快速而又剧烈的"退二进三"式的又一轮城市更新。这个新项目的目标是成为整个镇区的公共活动中心，而我们希望它为这一片混杂地区的重组提供一个契机和开端。对于这片易变的场地上的设计者来说，现状不可忽略，但是更要关照它潜在的未来状态。

王方戟： 记得在中国美术学院带设计课的时候张斌老师曾经说过："建筑师在做设计的时候，对项目的第一判断与项目的真实状态越接近，这个判断带到最后的成分越多，建筑师就越接近真实建造。"因此我很想知道，当知道这个项目真正开始实施的时候，你们对它的预判是什么？

张斌：我们的预判来自于对以下几方面问题的界定：首先是如何创造这个街区足够的开放性，其次是如何界定这个街区适宜的尺度感，再有就是它传递给使用者怎样的一种氛围和特性。而这些判断既是基于前一个问题中所讲的对这片场地的理解，也是主动回应项目运营要求中对于不同部分的相对独立性的强调。这个项目中游泳馆、球类健身馆、文化馆和电影馆这四个主要单元都是需要独立运营的，这给了我们一大契机来将其与我们的场地判断相结合，在总体布局中尝试一种若即若离的状态：四个单体独立布置，但又通过有限的室外平台将它们联系在一起。这种介于紧凑和松散之间的布局让整个街区向镇区开放，既不会形成尺度巨大的封闭大单体，又不至于失去单体间必要的张力与支持。这种布局方式为整个设计奠定了一种合适的基调，并与最终建成后的使用状态是十分契合的。同时，我们把各个单体中的室内公共空间压缩到最小，希望联系平台上下的室外／半室外空间成为与城市空间一体、使用频率最高的公共空间。这种策略也使落成后的前期运营阶段不至于显得人气过于不足。

王方戟：那么今天看来你们感觉自己当时对设计的预判有多少后来被证明是很对的，又有哪些是不准确的？或者是否可以说，当

游泳馆北侧台阶

球类健身馆二层花园

项目实现了以后，有哪些地方与你们当初的预期非常接近，哪些地方是有遗憾的，还有哪些地方超出了你们开始想象的？有这样的惊喜吗？

张斌： 项目的建设期间总是充满各种遗憾的，其中最纠结的一次来自于开工后立面材料的巨大变更，使得建成后所呈现的氛围与体感与我们的预期有不小的差异。我们所确定的布局方式暗含着对于外在形式的某种克制要求：我们希望这组房子除了以体量间醒目的入口广场、开口、坡道等将人引进来之外，不要有过多的形式表情，而是呈现一种沉静、简洁、抽象的性格，成为众多活动开展的一个背景。在选择传递这一氛围的具体材料时，最初的概念方案中用的是光洁柔和的石灰石和局部的灰色铝板。而随着设计的深入，考虑到造价的控制，更是为了让方案中的诉求能够更好地既融入环境，又有潜力从环境的平庸中凸显出来，我们把材料改为了粗糙的小木模清水混凝土和局部本色木板。我们相信这个改变更能传递出我们对于这个项目应有氛围的理解。但是开工以后，由于土建施工的误差过大，以及其他一些原因，我们不得不放弃二次浇捣的清水混凝土外墙和木板墙面，向最初方案回归，改为更方便收拾土建残局的干挂花岗石外墙和仿铜色的局部铝板墙面。这一改变会让建成的效果更倾向于一种义无反顾的自主性，在这个环境中显得过于精致了一点。

超出我们原初想象的是甲方对这个项目的重视和对建筑师的信

任，让我们有机会与他们进行紧密的合作。这也是我们这几年的项目中少有的一个。甲方遇到问题总是先与建筑师商量，大家一起寻找解决方法，我们得以掌握建设期中的真实动向，及时作出判断。土建设计完成以后，我们还有机会完成了室内设计方案，这是大大超出我们事先预想的。最后的室内施工中施工单位由于种种原因没有再改施工图，直接拿着我们的方案就做了，主要依靠建筑师和甲方项目经理在现场决定细部做法。这样难免小地方出错，但是大效果都落实了，也是我们难得的一种经验。

材料与建造

王方戟：我想顺着你们说的内容问一些关于立面材料的问题。经过对你们设计项目持续的关注，我逐渐意识到，性格的差别会在很大程度上影响建筑师对设计目标的设定。我个人在项目中使用以前没用过的材料时，总是很焦虑，恨不得每个项目都用同样的材料。对施工队的建造水平及业主控制建造的能力我也常常抱比较悲观的态度，总觉得项目会做得很糙，会失控。所以设计的时候要尽量简单，希望通过降低难度来减少建造过程中的设计损失。这也是为什么每次看了你们的项目，我总是觉得特别羡慕。对于材料及建造，你们总能采取主动进攻的积极姿态，勇于尝试对建造方有挑战的东西。在项目中你们也会尝试新的材料，并把它们用得很恰当。我想问的是，在使用自己不熟悉材料的时候，你们一般是靠什么来把握以后的效果？

张斌：这些年的经验告诉我们，其实不同材料的技术难度都不大，你很难找到别人从来没用过的材料，只是看你在用法上能不能有点不同。我们选择材料不会把对材料的熟悉度作为主要的考虑点，而是从具体情况看是否合适，这其中包括与设计想法的契合度、造价是否允许、综合技术的可行性等方面的因素。如果判断某种材料、某种做法是合适的，即使自己是第一次用，那也要在技术上以及与各方沟通上尽量坚持，并依靠平时积累的经验与专业承包商合作，并指导他们贯彻我们的想法。当然，这种信心主要来自以下两个方面：首先是在设计思考中从一开始就抓住材料与做法的特点，在概念设计中就落实主要的构造体系选择，比如结构选型、构造厚度、具体尺寸以及基本效果等等。我们已经让工作室的每一位建筑师都养成一个习惯，就是除了图解的平立剖面及体块模型，只要是成型的图纸与模型，哪怕是单线图，都要考虑定位尺寸、墙体构造尺寸以及结构与吊顶高度，做出有进一步深化可能性的阶段性设计，而不是每一个阶段在这些方面都推倒重来。这让刚来的同事都很不适应，但是坚持下来就能使参与设计的所有同事都不是只考虑抽象的形式问题，而是同时考虑建造问题。其次是对于所采用的材料及做法需要进行充分的技术储备，能够先在图纸中进行充分的系统描述，再与承包商合作完成专业细化设计。

王方戟：在这个项目中你们使用了不锈钢索网。虽然不同人有不同的评价，我个人是非常喜欢的。它们在环境中若有若无，偶尔反射出一丝微弱的光线的效果，让建筑中心的部分顿时有了一种光亮。说它是用来围合建筑内部体量，它的围合效果其实很弱；说它不存在，它又确实笼罩在那里。那种说不清道不明的感觉很是让我着迷。那么，在这个项目中使用不锈钢索网的动机是什么？它的实际效果同你们最初想象的之间有没有差别？

张斌： 这个项目中使用的不锈钢索网其实是一种蛮普通的工业用材料，常用来做工厂围栏之类的。我们用到它是因为球类健身馆南端面向入口广场的这个部分是整个项目中层次最多的一组空间装置：基座和屋顶之间围绕有退台及屋顶花园的亮铜色金属体量被设定为隐在厚重屋顶的阴影深处，但是又会被屋顶上的局部开口天光所照亮；同时这个体量外侧是一组支撑屋顶的竖向钢桁架体系。为了既不让内侧的金属体量太过夺目地跳出来，又不让外侧的钢桁架成为孤立的结构构件，我们需要一种介于半透和全透之间的双层界面将屋顶与基座连成一体，将钢桁架弱化，同时让金属体量罩在一层若有若无的网内。我们比较了穿孔铝板、扩张铝板网、不锈钢编织网等可能找到的半透明网材，发觉还是这种不锈钢索网最通透，同时又最便宜，符合我们的想象。当然，有一件事情还是没有实现——本来我们希望这两层网之间在钢桁架上还可以爬上一些藤蔓，让结构构件模糊，也让金属体量更有纵深感。

抽象与丰富

王方戟：最后一个问题是关于你们设计方法。最近，我发现你们所设计的项目基本全部是靠直线来完成的，安亭镇文体活动中心的平面也是靠正交直线几何关系来完成。这是你们项目比较典型的做法。这样的几何关系是否是某种设计方法的结果？或是你们项目中始终有一种对精密控制几何关系的强烈要求？

张斌：这首先和我们对于空间感知的态度有关。我们始终认为对于人类的基本空间感知而言，要达到丰富度和清晰度的平衡，基本的正交几何体系已经足够支撑，最多到基本的欧几里得几何体系；复杂的非欧几何体系对我们而言缺乏必要性，它能干的事儿在感知层面不是必须的，完全可以用欧几里得几何体系达到同样的效果。人对空间的感知与空间形状的复杂度关系不大，而与空间关系的复杂度关联更多，往往对空间形状的诉求过多，反而会妨碍人与空间在感知层面的互动。因为那种复杂的形状一旦物化固定下来，它就会过于强大与单一，不再有可能通过与人的互动而获得更多的意义。我们希望空间与人既可以相濡以沫，又可以相忘于江湖，空间既可以启发人的感受，又可以只是人的活动展开的背景。空间的张力来自于身体与它的互动，而不是空间形状本身的强弱定义。从这个角度理解，形状的复杂经常会成为一个累赘，反而是简单的基本形状具有更大的潜力获得空间的张力。

其次，和我们对于形式物化的理解有关。欧几里得几何，或者更基本的正交几何其实在形式意义上的潜力仍然是足够大的，任何建筑意义上的时空关系的赋形应该都可以通过基本的几何关系获得，而不一定要求助于更复杂的几何系统。当然，这和建筑思考所需要的抽象性也有关，如果没有这种抽象工具，那建筑设计和产品设计就没有差别了。

当然，从基本几何关系这种抽象性出发，并不是意味着就没有变形这一说，但这取决于具体项目的情境，比如场地、气候、人群、习俗等等。没有足够的动力，我们轻易不会主动去变形。在国内做项目，大部分项目的情境是比较没有约束力和具体性的，我们就会主动放弃变形的念头，转而寻求在最基本的形式体系内思考和解决问题。具体到这个项目，基地虽然是个不规则的三角形，但是我们把建筑沿着两条基本正交的道路布置，沿河地带都是绿化和室外运动场地，这就让我们自然而然地选择正交体系去发展了。同时，由于游泳馆、球类馆和电影馆这几个最主要的大空间都有严格的尺寸约束，方形平面是最节省面积的一种处理；加之室内公共空间的最小化处理，自然也让我们不选择做任何正交体系以外的变形了。

我们在每个项目中都会试图对整个设计进行比较精确的把控，不过这倒不是我们经常选择基本几何体系的原因，因为在有变形的项目中，精确性仍是需要贯彻始终的要求。这种精确性首先通过整体关系和氛围的把控来体现，然后也通过从整体到细部的形式、构造、材料的推敲来落实。当然，精确性也离不开图纸层面对于所有物体的尺寸关系的界定，这也是一种思考的工具。

（本文原载于《时代建筑》第 123 期，2012 年 1 月）

1

1. 二层平台大台阶
2. 游泳馆内部
3. 球类健身馆 – 东南侧局部 – 从二层平台看
4. 立面细部
5. 西北侧局部

2

3

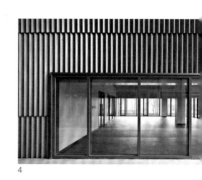

4

5

天空之城

庄慎 × 张斌

从开放到自由
——关于上海国际汽车城东方瑞仕幼儿园的对谈

2013 年 9 月

新近落成的上海国际汽车城东方瑞仕幼儿园，既延续了致正建筑工作室一贯坚持的从场地和身体的相关性出发进行空间建构的设计思路，又通过创造一种更接近人类原初生存经验和空间原型的内部感知，为幼儿提供更富有启发性的空间环境。本文记录了庄慎与致正的主持建筑师张斌关于该幼儿园的一次对谈，内容涉及该项目构思的一些独特方面，同时还讨论了更广泛的建筑设计中的抽象、移植、原型、恒常性、空间体验、材料选择、现实认知等话题。

关于幼儿园的设计实践：
普遍性与特殊性

庄慎：今天我们要聊的幼儿园这个类型是那类需要遵守很多规范的建筑，我知道致正工作室这几年有机会做了好几个幼儿园，对于这些幼儿园，你是用统一的策略去考虑的呢，还是用不同的策略去考虑的？如果采用不同的策略，彼此之间有没有一些内在的关联？

张斌：幼儿园虽然我们在做第五个了，但其实接触时间并不长。第一个应该是在新江湾城做的中福会幼儿园，2006 年底开始设计的。之后的一批都是近三年密集连续做的：从安亭的幼儿园开始，后来在青浦做了两个，现在在做浦江镇的中福会幼儿园。

幼儿园在国内是一种规范非常严的建筑类型。所谓的严有两方面，一方面是正常的，就是幼儿建筑确实要考虑很多使用方面、功能方面、安全方面、包括日常管理方面的限制，且一定不能有短板，不能有明显的使用上的瑕疵。这一点上，即使没有规范明文的要求，设计时也要考虑，因为这是一个职责问题。另一方面就是它有一些明文规范的限制。而规范是存在一种标准模式的投射的，编纂规范就是把一种标准模式拆解成条文。当你自觉用这个标准模式去设计时，会发觉哪里都对得上。但如果稍微有些地方，比如你从场地、从使用、从一个外部条件或者内部条件出发，有一点点尝试和突破的话呢，就会碰到很多对接的问题。当然这个问题对建筑师来说也是一定要直面的，规范也相当于工作的一个 context，不能单方面回避。但这样一来确实是比较难做的。

我记得在我接触幼儿园的实际工程之前，有一次参加一个幼儿园的评审，听到同样作为评委的一位国内权威的幼儿园设计专家说了这样两句话：作为一个建筑师，真心为小孩着想的话，就不该做幼儿园；如果你做幼儿园，然后又放不下那种所谓建筑师的追求的话，那也不该做幼儿园。他的这两句话道出了国内幼儿园设计的两种窘迫：一是目前这个规范体系不是从幼儿的角度去考虑的，而是从管理、运作或者说从大人的角度，从规化儿童的角度去考虑的；二是建筑师的私心与雄心在幼儿园设计中都是不尽合适的。

庄慎： 我觉得这个说法挺好。

张斌： 如果从建筑师的雄心角度去做，即使没有规范限制，对小孩也是不利的。比如有很多想法，其实不一定对小孩的使用有益处。而另一方面，你真的完全为小孩着想的话，那你作为建筑师的身份在哪里？所以到底怎么平衡这两方面？到底是为小孩子做设计，还是去做一个建筑作品？这几年做下来后，确实感觉他道出了那种矛盾。这几年我们所做的幼儿园有两个类型，一种是为教育局做的标准的公建配套，没有具体的使用单位介入。另一种是有明确使用方的，就像中福会幼儿园，他们有非常建制化的模式要求，可能比规范更严格，更趋向于从运营、管理的安全角度考虑问题，而这其实对于从幼儿角度出发去探讨使用状态是不利的。毕竟建筑师为幼儿的考虑只能放在心底，而在实际去做的时候，回应的还是大人的问题。那么那些站在使用角度考虑的东西，有些可以达成一致，有些就无法达成一致。还有就是建筑师在做幼儿园的时候，你想从幼儿出发考虑，但不一定就能真正起作用，很多事还是要有被求证的过程。而安亭这个介于两者之间，土建设计完成之后才有使用单位进来，在室内设计时做了很多修改。

庄慎：没错，这的确是一个关键问题。我们都设计过公立或者民营的幼儿园，不管是哪种，园方都有自己的一套管理体系，但是他们也是从大人的眼光去观察小孩，虽然有些制订的要求会很仔细。设计师做幼儿园的时候总会有某种程度依据主观的感觉，或者去听有经验的设计师和幼教老师怎么说，规范怎么说，而我自己则是在有了孩子之后，才对幼儿园的使用真正有了感性经验。其实要真正理解有关幼儿的心理、活动行为、怎样去玩等等这些其实非常专业的领域，真不是件容易的事，从这个角度来讲，感觉设计幼儿园是很难的一个事。我认为这个幼儿园和你所做的其他幼儿园相比，或者与我们所看到的其他幼儿园相比是有不同的地方的，比如坡顶的处理、室内色调的处理等等。你觉得这个项目跟你做过的其他幼儿园相比，不同的考虑点在什么地方呢？

张斌：我们做的这几个幼儿园在策略上的共性在于，我们想要追求的是一个对于幼儿成长有帮助和促进作用的空间使用方式。在幼儿园的三年对小孩的成长是很关键的，那么你所创造的空间环境和幼儿的成长过程在这样一个时间点的结合当中，你一定要有自己对此的独立思考，如果没有这个思考的话做幼儿园就没有意义。同时，要和规范以及具体的使用者——其实更多的是和作为管理者而不仅仅是使用者的老师——的建制性要求相融合。在这个过程当中，融合的可能性多少就要看机遇了。共同的思考就在于这点，而差别在于你和什么样的建设方、管理方合作，如何在各自的具体情境中实现这一点。例如，我们做第一个幼儿园新江湾城中福会幼儿园时，整个前期方案的过程很长，大概做了三四轮方案。我们一开始和建设方一起，一直试图说服中福会接受一个占地大一点、两层楼带庭院的方案。因为国内看到的标准公建配套幼儿园基本上都是三层，这是由用地条件所决定的。而当时中福会的项目用地相对比较宽裕，是有条件去做一个两层楼幼儿园的，建设方也相信我的判断，一直在努力推动，可惜到最后还是没实现。

庄慎： 为什么呢？

张斌： 中福会有自己固定的模式样板，就是希望房子占地少些，多空出些草坪来。这一方面是为了气派，另一方面，毕竟那种外向的大空间场地管理方便，但如果我们做成两层楼加庭院的话，草坪就没那么大。

场地策略与空间组织：开放性与尺度控制

庄慎： 我看到在这里你努力做了一个两层楼的幼儿园。这与一般配套幼儿园根据规划做三层的布置不同，在总体的布局上你是如何考虑的呢？

张斌： 对。这当中就有一个机遇问题。国内标准的三层幼儿园（由

西北侧外观

西北侧外观局部

于用地限制）在使用上总有与幼儿天性不匹配的地方，空间的开放度和自由度都受限制，会成为一种超过幼儿理解力的空间。而安亭幼儿园的先天条件对我们比较有利，因为场地够大。它是一个标准的 15 班幼儿园，6000 平米的建筑面积。一般场地可能只有 8000 平米，但这块地有 11000 平米，虽然是不太规整的三角形，但毕竟只有 0.5 的容积率。所以我们考虑是否可以尝试做一个两层幼儿园。

我们设计这个幼儿园的出发点其实就是围绕如何做一个两层幼儿园来考虑的。我们这个幼儿园等于是把托儿班和公共、后勤部分放在一楼，二楼只有十个幼儿班。这样它为空间使用创造的自由度就不一样了。但这样做还是有一个很艰难的过程。当时镇里教委极力反对，认为不管用地多大房子还是要尽量做三层少占地，并腾出更多的场地，这就是公立幼儿园惯常的逻辑。后来因为行政领导比较喜欢我们这个设想，设法坚持了下来。而且后来的管理方——东方幼儿园的园长也很喜欢，不是仅仅因为我们的建筑形式或风格，而是觉得我们的设计出发点与她的想法很接近，因为她也比较注重让小朋友怎样更多地接触到自然，比较关注建筑的开放度。后来她又要求我们调整一些地方，比如加设游泳池等，但基本上没给这个设计带来结构性的变动，我们很多想法她都比较接受，之后的合作也比较顺利。

庄慎： 这是一个蛮不同的机会。刚才讲到了对这块基地的处理有很大的不同，同时在与业主沟通方面，也有一些博弈。此外，在整个建筑设计当中，碰到的比较难处理的地方还有什么？

张斌：这个设计的形成过程还是相对比较顺利的。我们基本上是从内部关系出发，设法去达成空间内外使用的开放度和自由度。因为这个场地有非常清晰的界定——两边临路，一边临河。我们对外部条件有一种非常直接的反应：沿路相对封闭；临河则相对开放，并与场地有很多结合、互动。我们思考的重点是从空间体验出发，从小孩子在幼儿园里面的一种感觉出发，探讨这个感觉该怎么去实现。这个出发点就决定了二楼的做法，即这五个小单元、每单元两个教室的具体做法，这个做法可能是设计当中最关键的点。二楼完成之后，底下的关系还是一种内外互动的关系。比如面向河边主要布置公共活动空间，跟室外空间互相形成一种咬合关系，然后把日常功能性空间沿路L型排过来，东北面做成后勤。

对于主入口是放在东面还是北面经过了长时间的探讨。原来我们的方案入口在北面，门厅上面就是"天空之城"，这样在整体关系把握上更合理，因为所有公共空间，包括门厅、多功能厅、专题活动室，都在L形主体向河面伸出的几个体量里。后来因为各种原因，主要还是觉得北面有座为河对岸小区服务的桥，在桥下做入口比较难控制，所以做出了调整，将入口放到东侧来。这些过程我觉得是设计过程中的一种正常的"挣扎"。

庄慎：这个交通组织很有意思，是分组团的，有五个楼梯，三个楼梯在室内，可以上到二楼去。

张斌：对，到了二楼其实是两大组，南面一组，东面一组，这两组间在二楼是要靠户外才可走通的。这样做一方面是考虑外部形态的尺度感，它看上去像是一个一层的基座上面加了几个体块，这是一种外部的控制。再有是考虑内部的体验，如果加了连廊，两组贯通形成一个一百多米长的长廊，在尺度认知上就不一样了，会出现非常大的公共空间尺度，这对幼儿的理解来说不是一件非常好的事情。

空间的身体性：安定与自由

庄慎：二楼需要穿过室外才能到另外一个组团，我觉得这是一种很有意思的体验。因为实际使用时并不需要永远是全天候穿越，如果能在露天走到相邻的单元，那么尺度感、形式感等体验对小朋友来说就会更加新鲜好奇。说到体验，实际上就会说到几组坡顶造型的问题，这是这个幼儿园给我留下印象最深刻的地方。这个连续的坡顶造型的选择似乎是有故事的，它与其他类似坡顶的处理方式是不同的。

张斌：这个起伏的屋顶首先不是从形态出发来考虑的，它的出发点有以下三方面：

一是来自于对安定型空间的理解，我们想让活泼好动的幼儿能够在这种空间中各得其所，不要让他们受太多的空间刺激。这种空间类型主要来自于一种对家的感受，就是一个小小的坡顶房子，一个家的原型，一种庇护的原型。这种空间的边界、尺度、大小什么可能是人的感知最可把握的。这种感受其实深藏于人的潜意识里。虽然我们大人去设计幼儿的空间并不可能一下子真正地进入到幼儿的内心世界，但毕竟还是有很多共通的地方。我觉得这种体认让我们对想要做的空间特性有一种把握，想把它做得安定，想要寻找一种依靠，把它做成一种更原初意义上的居家空间的原型，然后去引申发展。

第二，对于幼儿教室的感知尺度的控制。我们幼儿的教室毕竟很大，一套要 160 平米，这个尺度我们觉得也是一个不太好处理的问题，因为这对于幼儿来说是应该是一个超大尺度。所以我们把二楼教室的屋顶做成双折或三折——教室有 10 米面宽、16 米进深和 8 米面宽、20 米进深两种，相当于把教室进深分成两进或三进，分别限定活动室，卧室，还有卫生间。这样它就成了由两三个原型空间拼合在一起的复合空间而不再是平顶下的单一空间（虽然有分隔）。

第三，来自从小在江南生活的一种记忆。江南地区的屋子房间并不大，但隔着一进一进院子会有一种看穿过去的感受，而且会形成一明一暗的层次。这确实会给人带来一种在空间里的自由，空间对你不会有太大的干扰。人和空间的关系是：我可以想起它，也可以忘记它，有一种自在感。这种关系也是我们想做的：这个空间可以让你感知到，但又不会成为你的累赘和负担。

我们在两个连续的双坡屋顶交接的地方用天窗的光线来做出一种明暗的层次变化，并希望这两个空间能够对望，形成一种暗—明—暗的关系。一个班级可能有 25 个小朋友，一会儿一起活动，一会儿分开活动。这样一种关系，在一个一百多平米的空间里到底会产生一种什么样的状态，这才是我们关心的。这个状态后来被我们综合起来看，就是我们想创造内部的一种暗—明—暗的关系。而且明亮的部分是一种特别轻盈的透明空间，虽是室内空间，但给人类似庭院或是天井的感觉。同时它创造了一种在内部可以近距离看天的机会，或者看对面坡顶的对望关系。这种视线关系在卫生间里都有，这样小孩在上厕所时是可以发呆、走神的。这是一种营造自由感的尝试，同时也就形成了建筑的外部形象。

这个外部形象也是有争论的：即专业的人士会比较认可，不太理解这个专业的人会觉得它像厂房或者说纺织车间，因为是金属屋顶，外部也没那么五颜六色，底色还是淡淡的灰白色，只是在洞口的侧面和室内做了点色彩。我觉得这主要是因为人们会有一种先入为主的看法，认为幼儿园就应该是五颜六色的。如何做一个不是五颜六色的幼儿园并且让大众接受，也是一个较难把控的事情。

抽象与具体：
作为自由的触媒的空间

庄慎：所以，这个幼儿园其实就是从内部出发，用建筑的手段，去创造一个安定自由的使用环境，正如你刚说的那些体验。进一步讲，有意思的地方来了，我觉得你采用的方式是抽象建筑类型。这样的方法在你其他的建筑当中是否体现过？我刚想到你们设计的练塘镇政府，不是那种衙门式的楼堂馆所，而是被你们处理成江南庭院的格局。关联起来想的话，这是否是你做设计时所关注的一种方法？因为你们并没有从幼儿的行为细节出发去研究幼儿园，也没从惯常的五颜六色的形态去入手，而是给了幼儿园一种类型，一种抽象的原型，一种安定的调性。这未见得是幼儿园必要的元素，而是你想象、叠合上去的。这个变成一种类型式的功能，加上一种你对建筑学原型的思考，把它放在一起，成为一种新的结果。这个方法是值得讨论借鉴的。

张斌：我们的空间想象当中会存在一种所谓的原型，但这个原型非常抽象，它是一种体验的原型，感觉上的原型，而不是一种物质的原型。这种抽象不是只和形式系统有关，而是一种心理感知层面上的移植，希望和一种新的使用状态相结合。我们自己对建筑学的理解，就是和人的存在状态有关，希望人和空间形成一种相濡以沫的关系。这些年我们想要去追求的方向是建筑师创造的空间和最终使用人群的关系，以及这种关系建立在什么基础上。

细部

你不能放弃建筑师对本体的把控和对物的操控，而操控手段肯定是空间形式层面的，但它只是手段，不能当成一个终极目标去追求。我们关心通过对于本体形式空间的操控所营造出来的结果，在面对使用者的时候，会有利于某种良性结果的发生，希望它成为一种触媒或是一种推动因素。而这又恰恰是你最不可把控的。很多场合中，你不会一定知道建筑为谁而做，但你可能会期待某种机会的出现。换言之，不是希望建筑师把创造空间和形式的自由度作为追求的结果，而是希望这个空间最后被还给使用者时去促成他们想要的自由。这个思考很早就有，这才是我们想做的事情，而不是把形式创造或者本体创造作为目标。

庄慎： 我觉得你说得很准确。这种所谓体验，感觉上的原型的设计，具体到这个幼儿园中做得是非常有特征的。对于原初形态的追求，有些建筑师最后会做得相当抽象。而这个设计中的原型或者说移植并不走极端，比如那些略带抽象的坡顶。致正之前也做过一些原型形态的建筑，但对这个幼儿园来说，你尝试了一种有一点故事性、有一点具象性暗示的原型空间，在纯抽象空间里再加上一点表情或者说调性。这让研究的可能性变大，可以把很多具体的印象、回忆、体验等加入其中，具体就是看怎么把它再变成可抽象的、类原型的，或者说可以营造出具体想要的事物的空间。

张斌： 是的。我们这一辈建筑师总是无法绕开抽象的问题。因为所学的那套所谓现代主义先锋们留下的语言体系，基本上就是一种抽象形式空间系统的操作。换个角度来看，在另一种文化条件下面，无论在欧洲还是在日本，都会看到所谓的对抽象形式的更多诉求，即把建筑本身的形式空间的抽象性作为一个追求。这种现象当然有它的一些语境，包括社会的、文化的背景。在目前我们的社会背景下，如何去理解你所依靠的抽象形式系统，或者你所做的物质结果能否成立，这些要结合起来看。从这个角度出发，我难以找到一定要把一个形式系统的抽象作为追求的依托。另一方面，抽象与否并不是、也不应成为一种负担，它永远会把抽象、具象，或说是具体、特殊、普遍之间关系的问题纠缠在一起考虑。这就是我们在这十几年实践中的一种语境。我们永远离不开抽象的思考，但在面对一个具体的项目时，就应考虑如何摆脱对于那套语言系统的过多依赖。我觉得这一点会成为一个永恒的话题。毕竟那一套体系不是我们这一代人骨子里所秉承的东西，它会跟你有一定的距离。这个距离原来可能不被觉察，但一旦进入到实践领域，疑问就会产生：为什么一定得是这样？之后，你会在工作中不由自主地做出修正。比如说我会有一种对个人记忆的依托，或者说有一种文化习性的依托，以及在这个文化地域之外的借鉴的依托等，这是一个建筑师的生活、工作状态的一种综合影响。在这个过程中，我不会倾向于一定要在形式层面上追求某种极致，因为一旦有这种追求，就会和我们更关心的问题，比如空间和人的关系，空间作为一个存在对其中的人是压迫的还是亲和的等，产生某种微妙矛盾，并在不同项目中的不同语境下表现出不同的情况。

这些是必须要考虑的问题，同时也会让我意识到不能只依靠空间形式系统去工作，否则上述问题都无法很好地解决。

设计中的恒常性：
与场地和身体相关

庄慎： 没错。以我的体会，我们在入手设计时不会过多地思考太多理论问题，而是更多地依靠我们多年工作形成的经验、直觉，或说长久形成的工作方式。如果除去功能定位不考虑，即无论它是什么功能类型的建筑，在设计时你都会习惯性地去找些感兴趣的点，并以此作为出发点去考虑问题。而这之后的技术、形态、空间功能等方面的问题对于一个成熟建筑师来说，又可以说是做设计过程中的一种自然流露。从这个角度来说，如果不考虑具体的功能定位的话，你做设计时最感兴趣的入手点在哪里？这样我们就会更清晰地理解你在做这个幼儿园时的兴趣点究竟是哪里。

张斌： 正如你所说，一个建筑师在进入一个题目时，肯定会表现出自己生活、工作经验的积累所形成的状态或习惯。建筑有特殊性，每个建筑的现实条件也各不相同，但另一方面也存在一种所谓的恒常性。因为不同的建筑有千变万化的需求状态和背景条件，此时就要考虑是否能用一种恒常的手法去解决。这个恒常性主要看你个人怎么把握。如果它是形式空间语言层面的话，有时就会带来问题。但是恒常性也可以不诉求于直接创造出某种空间形式语言。如果我们的关注点稍加转移，多关注些关系层面——比如建筑与场地的关系，与使用状态和使用可能性等的关系——的话，我们就更可以保持某种恒常性。

实践中，我们永远会关心空间的使用方法。一栋房子，它可以是幼儿园，可以是办公楼，有些情况下功能甚至是不明确的，因此我们最终落脚点会在用法上。用法这个话题某种程度上和类型有关，但又不是经典西方类型学——比如罗西，或更早的 18 世纪的迪朗（Jean-Nicolas-Louis Durand）的探讨，或像莫尼欧把类型和场地结合起来的探讨——所能解决的。他们的类型还是一种有形式语言的躯壳存在的事物，这与文化积累的不同有关。建筑学在西方是可以探讨终极真理的手段之一，在这种持续的探讨中，与人类世俗的生活相结合，是发明空间类型和空间语言在推动建筑学前进，这其中当然有技术的原因。这个过程与西方现代性的演进是合拍的。但在我们的生活世界当中，就不是这样。在这一点上我和王澍的观点比较接近：我们生活的世界无论是何种性格的建筑，高尚也好、世俗也好，精神性也好，肉体性也好，都可以是一样的，或者说同一座建筑的性格是可以转变的。因为我们不是一个精神性的民族，而是由世俗伦常所支配的，是强调身体愉悦性的。即使中国人再讲究精神性，也离不开对身体愉悦性的追求。这种情况下，从更宽泛意义上来说，确实存在一种事物可以应对多种可能性的情况。在当代中国，情况又更复杂，不同的社会团体，不同的社会结构，会有很多资本主义的、提倡消费的方式。

"天空之城"局部

二层南面走廊

深入来看，在表面多元的、资本主义的、消费化的方式当中，真正符合中国人内涵的用法，不过如此。换言之，它并不能通过发明对应某种精神性或肉体性的空间躯壳去驱动造房子这件事的发展。因为人的文化背景与理解方式不一样，当使用者不这样理解，参与者不这样理解，我就会怀疑我们建筑师能否这样理解。因此在实践中确实需要思考如何创造一种不完全依赖这套形式语言系统标准指向的方式来进行设计，所谓"他人之瓶，装自己之酒"。

庄慎： 这大概就是以简制繁，不变应万变，所谓反常合道吧。在这个以"天空之城"作为概念之一的幼儿园中，二楼的坡顶大网罩的空间的设计是否也体现了你刚才所说的思想？

张斌： 那个空间其实是一个没用的"剩余物"。当然我们的设想能否实现还无从知晓，因为这需要使用者、业主等各方面的合作。那五个教室单元毕竟是室内空间，有安全性等方面的强制要求，是成人们用来"驯化"幼儿的场所。因此我们就想如何能让小孩子在其中有开小差的可能，如何能让他们有一种逃避这种"驯化"的方式。我们想尝试做一个真的没有那么多束缚、有丰富内容的、非现实的空间，甚至想过挂一些充气的"云"——这些想法来自于宫崎骏的动画片——并想在其中订做一些村落般的大型玩具，让小孩子用过家家的方式——这也是他们最愿意做的事情——来感受成人世界。但在实践操作中，把这种讯息传递出来会比较困难，尽管如果能做成，必定会增色不少。可惜这并不是建设程序所能涵盖的问题。

庄慎： 没错，这是由使用者最后决定的。如果有机会可以回访，看看实际当中这个空间到底是怎么使用的。

张斌： 据我所知，园方由于成本的原因，放弃了订购大型玩具的想法，现在想做成一个少儿器械活动区。如果真要实现我们之前想法的话，对业主来说确实会有较大的难度。

材料背后：人与空间的相关性

庄慎： 我觉得这个地方已经暗示了使用方式，是否会催生出很好的使用，要看接下来使用者的想象了。还有一点，这里材料组织，隔断之类的布置，给人一种自然形成的感受。所以最后要聊聊材料组织的问题。该建筑是很有调性的，以浅木色、白色等为主调，营造出让人安定的状态。我发现你们在做设计的时候，对材料的组织驾轻就熟，对多种材料在一栋建筑中的组织非常熟练，常常让不同的建筑表现出不同的调性，比如同济大学建筑与城规学院C楼，同济大学中法中心的调性各不相同，但又能看出是出自同一个设计师之手。能否谈一下在材料组织方面的心得？

张斌： 我们的项目当中确实存在多种材料组合，但也存在单一材料的。使用单一材料分两种情况，一种是小房子，比如远香湖探香阁，我们希望全是混凝土并且不加装修，即希望该建筑今后能在单一材料里展开，且更多关注室内外景观的关系；另一种比如练塘，是和造价有关。我们的大部分建筑不是单一材料的，特别是大房子，这跟我们的设计理念有关。材料这个问题对我来说不是一个特别深刻的问题，我不会把材料问题上升为建筑学本质的问题。无论是本体语言、材料建构、处理方式的真实与否等，都不会成为让我过分纠结的问题。同时我也不会把材料上升为建筑设计的一个决定性因素。现实中会有这样的情况：某些建筑就是为了某种材料而设计的。这种设计手法最有代表性的是赫尔佐格和德梅隆做过的一个展览。展览中，每个项目都有一个大样模型，观者不用阅读平面图等，直接通过看大样模型，就可以理解这个建筑。他们的建筑经常完全是从材料出发，不太关注其他问题。这一点与我们的理念有较大的距离。我们觉得材料或早或晚都会出现，但决不会是第一位的。我们不会有特别想用或一直采用某种材料的偏好。在实践中我们最常用的材料是混凝土，很多特殊材料一般用过一次就没兴趣了。在我们的设计中，材料怎么用取决于项目本身，一个整体思路在往下深入、落实到材料层面时，该用什么材料就用什么材料。也就是说，我们不会把材料问题上升到超越其他问题的高度。

这个也同我们一开始讲的要创造空间与人的关系的问题有关。如果用一种单一材料去处理所有的空间，会使得空间有一种强制性。因为非常有质感的材料是有压迫感的。这种压迫性是一种特别当代的话题。它体现在两个方面：一方面是实际感受中空间对身体的压制性，另一方面是图像对人的压迫性。我以卒姆托的浴场为例，一般在去这个浴场之前我们已经看到过图像，但是图像中石头与水在光线下的质感表达，在现场是无法那么强烈地体现出来的，因为那是相机极小光圈的超级解析力，超过了人眼的感受。现场只能感受到单一质感的材料对一个单一功能空间的一种强大的统治力。其实这种空间不仅对人的身体有压迫，还会对人的思想有压迫。单一材料很多层面上其实是建筑师刻意对使用者的一种强制的思想灌输。因此我们会在实践中主动地避免。

庄慎： 这让我想到阿尔托的房子，在这一点上跟你讲的很相似，即很多种材料的组合，或者同一种材料也会有不同处理方式。你的这个幼儿园建筑单层高度不低，但这种材料的组合方式却很好地营造出了一种亲切感。

张斌： 这个跟我自己对建筑的理解过程有关。你看欧洲的建筑，那些进入主流精神话语的空间永远是材料压制性的。但回到生活状态中，又会发现丰富的多样性的选择。到了现代社会，这种多样选择性其实还是被保留下来的。比如 19 世纪的房子，空间的材料会考虑与人的感受的关系。甚至到了早期现代主义，这种现象也依然存在，当然不是指密斯那种强烈的图像化的材料感受。对我触动比较大的是皮埃尔·夏侯（Pierre Chareau）的玻璃屋，里面有钢材、玻璃砖、木材、瓷砖等各种材料，有手工材料、工业生产材料，种类虽多，但他可以将其信手拈来，完美地组合在一起，同时还能给人带来亲切感而不会产生压抑感。这种精神气质是我在欧洲看下来最合我胃口的，影响了我以后对空间的把控。这种设计方法是欧洲工业革命之后，将工业生产与手工制造相结合的一种比较边缘化的设计方法的幸存，在当代已不多见。

庄慎：对。我前段时间去看阿斯普隆德（Asplud）在斯德哥尔摩的公共图书馆，用的全是工业化的材料，但做得很有手工精神，就像你说的一样。

从现实出发：建造的日常性

张斌：反过来看我们自己在国内的实践，在我们这种社会语境下，能做的无非就是用自己能把控的方式，去为空间的操控和营造做出自己的努力。虽然我们确实有很多材料可以选择，但你如何让你的材料处在你可以把控的范围之内，是我们应该思考的。出于这种考虑，我们会刻意去降低这方面问题的难度，比较少使用新奇材料、新奇构造，多采用通用材料、通用构造去解决问题。

庄慎：我觉得这个见解很好，很有中国的现实意义。我们能做到的可能大部分就是普通的施工、普通的造价、普通的材料、普通的使用，但在这里面也能够找出不同的东西。我认为这是一个很好的话题。

张斌：没错。我们较早的项目，比如 C 楼和中法中心，当时确实做了很多超过供应系统能力的工作，一方面建筑师会殚精竭虑地做很多不计成本的工作，另一方面效果不一定能达到预期。这是不可持续的作法，除非你有非常强大的行政支持。但在实际操作中，大部分都是日常项目，没有那种条件。

庄慎： 我觉得你对于现实设计状态的观察很冷静，由此采用的一些设计选择，在你的整体的原型构思、材料的使用等方面都很清晰地显示出来。我想，对于现实工作环境的深入认识会很大程度上决定一个建筑师对待建筑学的态度，对待建筑师职业的把握，同样也会有明确的态度对待建成作品的结果，这点我深有同感。我觉得这个幼儿园从完成度上讲完成得不错，你自己认为呢？

张斌： 分开来看，土建过程不顺利，尽管我们的建筑本身并不复杂。这可能是因为国内建筑行业的普遍标准和我们想做到的标准有很大落差造成的。在我们这么一个不太复杂的项目中，对结构、设备等专业的配合的要求还是很高的。这种做法超过了一般配合设计院的惯常工作习惯。比如一些墙身的处理等，由于各种原因，图纸有缺漏，现场就会有错漏，一旦第一时间无法弥补，后期很难补上，这样就有很多将就的地方。我觉得国内在基本建设程序中，最难把控、最没有技术保证度的就是土建。而所有需要专业承包商来做的事情，都比较容易把控。室内的问题没那么大，主要因为我们的室内不是一个精细化的设计，与商用标准的室内设计是有差别的，因此我们会用一种不太能出错的方式去做。在现实当中，即使有驻场建筑师天天盯，也难免会出现很多问题，从而使设计方不得不放弃一些初衷。因为这其中会涉及到建设程序当中的利益问题，或者说是资源问题。如果从建筑完成的精细度来看，我们所有的房子我自己打分都不会太高，因为每次的最终结果离设计初衷都有相当的距离，这次也一样。我们在这种环境当中所能追求的是大方向、是建筑师最关切的诉求，或者说最原初的设想通过某种方式、通过和业主、使用方以及施工单位的合作，能被较完整地保留下来。如果能实现这一点，我就已经很满意了，不能再做过多的要求，就算我单方面要求也没有用，因为现实中并没有一个流程让我有这样的权力去把控这些事情。

（本文删节版发表于《时代建筑》第 135 期，2014 年 1 月 ）

（感谢张学磊、齐心对于录音初稿的整理）

1. 二层屋顶平台
2. 二层班级单元
3. 二层屋面活动平台

1

3

男厕室内

城市笔记人 × 王方戟

思考的密度——关于桂香小筑的对谈

2013 年 9 月

小建筑，特别是小品建筑，算是建筑师当下能较大限度地发挥其创作自由的项目类型。由博风建筑设计公司设计的位于上海嘉定远香湖的一个公厕可以说就是这样的一次机会。不过，通过此篇对该厕所主创建筑师王方戟的访谈，读者可以看到，要将一个小品建筑设计得有声有色且建造得符合预期，也并不是件容易的事情。小建筑同样需要思考的密度和相关专业的支撑。

王方戟在给同济大学建筑系的同学们指导建筑设计的同时，还与伍敬一起主持着博风建筑设计咨询公司的创作实践活动。作为一个勤于思考设计过程的建筑师，王方戟一直在想法、设计、操作之间寻找着契合。2013 年 3 月，城市笔记人与王方戟就他们刚刚竣工的桂香小筑做了一次非正式对谈。以下为那次对谈的摘要记录。

选址

城市笔记人： 王老师您好，似乎我们在 2009 年冬天的那次聚会地点也是这家咖啡馆。那天，您晚到了，手里拿着一沓 A4 打印图。我问您，你们事务所在设计什么，您就给我看了这个厕所的剖面。我当时就记住了折板屋顶，有花香可闻的厕所单元。一转眼，四年了，终于建完了。您能再给我讲讲这个小项目是怎么来的吗？

王方戟： 是很久了。当时，张斌老师主持上海嘉定远香湖景观项目。他把公园中的 10 个项目分为三组，分别由他的致正公司、我们博风公司和童明老师来做。整个公园中只有一座独立的公厕，就是我们公司做的这个。在其他的一些项目中也分别设有一些不独立的公共厕所。

城市笔记人： 谢谢您的信任，让我看了许多草图。看早期一点的草图时，我发现当时该建筑所参照的周边道路似乎跟我们如今看到的建成道路的定位并不完全吻合。仿佛在初始阶段，这个项目和周围路网的位置都不是特别确定，是吧？

王方戟： 哈哈，何止如此？最早这个厕所的选址是在现在基地的北侧，靠近安藤忠雄设计的保利剧院。您肯定注意到了，在我们这个厕所的西侧是马清运设计的那个项目（图书馆），北侧就是安藤设计的那个大家伙，东南侧是张斌老师贴着水边设计的清水混凝土的"探香阁"餐厅。这几个建筑基本上框定了我们这个厕所的大概边界。厕所西侧是条公园主路。这条路的放线是规划总图上定下来的，一直没变，东侧这条曲线道路基本是可调的，看我们这个厕所的形状和轮廓，确定那条曲线路的线型。后来嘛，因为安藤忠雄要放大保利剧院外围的景观设计，要做水面，就把厕所原来的选址占掉了，我们也就放弃了最初想把这个公厕做得更具园林气息的想法，把基地向南撤了好多，成了从桥上走过来对着的这么一块近楔子形的角地。

最小的单元

城市笔记人： 让我们看看平面图。我记得上次和您一起去基地时，您提到过好多类型的植物，比如茶梅、青枫什么的？而这张平面图上，您要种的树，一种就是入口处这个近乎"充囊"（poche）模样的小院子里的芭蕉；还有，就是厕所后面篱笆墙内外分别种的两株桂树。就这些吗？没了吗？

王方戟： 还有，沿着每个厕位外种的都是茶梅。主要是考虑到茶梅可以耐阴，花形又比较小巧精致。另外在这个号称是"桂香小筑"的厕所中就只用了芭蕉和桂花。青枫是在"带带屋"那里种的。

城市笔记人： 我在读您的那些草图时，特别注意到某些贯穿始终的线索，它们一直都没有在设计中消失。比如，从一开始，当您在设计单个蹲位时，无论是平面还是剖面上，都不止标识出如厕这一种行为，这里，一个人在厕位上方便时是可以看到厕所外的绿草鲜花或是风景的。当然，我甚至在您组合那些"单元"（cells）时，一下子就想到了勒 柯布西耶做拉图雷特修道院（La Tourette）时曾经参照过的佛罗伦萨郊外艾玛修道院（Ema Charterhouse）的"单元"（僧人房）。它们都是独处的小空间，都有最小的极限意思，比如最小的花园，最小的休息空间，然后就在那里修行。您不会是把公厕的厕位当成了沉思空间吧?

王方戟： "最小"的这个问题的确是考虑过的。排单元，如果能把单元做得尺寸小些，就能多排一些蹲位。可是我们在设计之初的确有一个基本的构想，就是蹲着的人是可以正面面对厕所外的风景的，这样，就不能是侧向进入，得留出一点儿进入的宽度。至于它是不是一个相对更为独立的单元，之前也想过要把蹲位后面这堵矮墙上方的这段留空全用窗子堵死，主要是怕冬天可能会太冷。后来，在深化室内设计时还是觉得把厕位与外面的空间完全隔开，会让厕位内部显得空荡荡。

设计单元时，的确如您所言，景观要素始终是贯穿了该厕所空间关系设计的核心要素，毕竟我们设计的是风景区里的公厕嘛。我希望这个单元里的空间感是小尺度的且具有身体性的，不同使用状态的地方在空间感知上有明显的区别。单元空间的高度就是一个人手很容易摸得到的2.1米的高度。而且，这些单元是吊了顶的，前端有一段是弧面的顶，跟蹲位前方的窗渐变着连过去。这样，也能让单元外的公共空间显得更加高敞，厕所里的公共空间都很高，感觉会好些。

城市笔记人：说到厕所高敞的公共空间，我就想起您提过的一个先例。您说，您对少年时常去的一个公厕有着很长久和强烈的个人记忆，您说，那个公厕给您的感觉就是这种蹲位和公共部分之间的反差很大。它在哪里？是成都吗？

王方戟：不是，是在嘉兴。我少年时是在外婆家度过的。那个公厕有着木桁架的人字顶。长方形平面的一个端头是男厕的小便池，再在纵向一分为二。一侧是男的坐坑，另一侧是女的坐坑。所谓坐坑也就是前方有个木杠子，后面全是空的。另外一侧一排男的蹲位，相互间没有隔板。外面看，有那种典型的厕所墙上的十字漏孔窗，顶部还有侧高窗。如厕时，是可以感觉到风从高处向下吹过来的。那时人很小，所以童年记忆里的这个公厕好像空间特别高大。

城市笔记人：在商品房时代没有到来之前，公厕就是多数中国人日常生活里一个非去不可的场所。一代又一代的人都对公厕有着某种集体记忆。我小时候住在北方的大院里，公厕就在西南转角上，那个角落最隐蔽，一度频繁出现所谓反动标语。院子里的大人小孩都被拉去对笔迹。这件事让我们谁都忘不了那个公厕。我想，上海这边的新村公房当时即使是楼房了，也都有几家人合用

入口处的芭蕉院

松江醉白池的芭蕉院

一个公厕的情形。那时，各种传言小道消息什么的，都是在人们如厕时传播出去的。

王方戟：我说的那个公厕倒没有出现反标，但出过"扒眼犯"，就是从下面偷窥的。跟余华小说里描述的一模一样。

多重关系

城市笔记人：有意思呵。一个设计里夹杂着好多建筑师本人的个体经历，不说出来，别人很难知道。回到这个厕所的设计上去。我看您的早期草图在设计单元平面的同时，似乎都在剖面上思考着比如风、光、声音跟单元的关系。有些草图里，单元顶上还有开口。您通常的设计习惯就是这样吗？会从剖面思考开始？

王方戟：那倒不是，我是喜欢多重关系同时考虑的。平面、小透视、剖面，可能是要针对每次思考时所要考虑的那些事情。不过，这个项目很特殊，在大的布局没有完全明晰之前，单元剖面所反应的内外关系是这个设计的重要出发点。

城市笔记人：那"桂香小筑"这么一个文雅又好笑的名字是什么时候出现的？桂香，园林里有；小筑，也常见。用"桂香小筑"去命名一个厕所，嘿嘿，一下子跟气味联系起来了。它是一开始就有的吗？

王方戟： 是中期。到了设计的中间阶段，就是厕所的位置往南撤了之后，格局越来越小，这个主题才出现的。您会在草图上看到我们对于这个厕所内院所进行的各种改动。

城市笔记人： 是的。比如在中期有一稿里，我注意到，主入口当时是设在主路上的，然后平面上有各种箭头表示着从那个方向上可以看到的户外风景。比如，男厕里小便器所在的墙，从那个开口，可以看到两个方向上的风景——不止一处哦。当时女厕的那条公共走廊也是可以看向远方和内院的。还有入口处，也有两个方向的缺口。这个设计远比最后的设计更为开敞，更不规则，更加自由地四下延伸。然后，这面对着主路的立面，却是由一排柱子构成的墙。这是什么意思？

王方戟： 这一稿的设计用意基本是沿着四周道路的内侧进行满铺的。当时南端已经决定要加一个垃圾收集站。整个建筑有好几处凹角，都是作为景点来考虑的。男女厕所之间夹着一个三角形花园，人一进来，看到的是花园。然后再分男女厕。您说的沿主路的那道长长的墙，体现着我们当时的另一个考虑。在这条路的对面和端头，马清运和安藤设计的两个建筑都太大了。我们这么小的房子几乎要消失了。我们当时的想法就是沿着主路做一道比较"大"的墙面。人们穿过这堵墙，就进入到另一个世界，轻松活泼的世界。

您也看到了，在这一稿的设计里，园林和建筑都有好多口子。我本人很是羡慕华南的那种气候，建筑可以到处开口，人们也似乎不太在意总把这里那里都堵死，弄得像是只能对自然进行审美式的观看。自然就在身边，那种感觉很放松。

城市笔记人：就我本人而言，会觉得这一稿略显松散，没有正稿那么结实。我指的是思考的密度和体现。从您这一路草图上的思考当中，我看到您也是一位要靠不断修正、反复对比、把各种条件推向极致，然后再逐渐整理和夯实的建筑师。您不是那种第一时刻有了一个概念，然后就不肯放弃的人。正稿里的这个厕所的两面性要比这中期这一草稿，更微妙，也更紧凑。当然，似乎之前您的所有努力也没有浪费掉，比如，您在布置厕所单元的各种组合方式时，有错位的，有环形的，这不正是你们博风公司在那个餐馆身上所使用的设计模式吗？和着一点儿都没浪费，厕所布局的想法用到餐馆身上了呵！

王方戟：哈哈哈。

现场呈现

城市笔记人：谈谈正稿吧。现在，连哪一稿是正稿都很难说了。您还记得我 2011 年第一次去施工现场时回来跟您说的印象吗？我当时过了桥，就看到了厕所的南侧面，第一感觉就像一个整体的盒子，被人用剪子剪了几个缺口。绕着厕所走了一圈之后，我就会把这个房子的主次体量关系理解为一个侧放的餐巾纸盒子，有人把餐巾纸从盒子里拽出来了。就是这种感觉。一个长方体，拉出来了一些次要的房间。而且，我如今再回想入口处洗手台处的那根巨大的柱子，竟然一点印象都没有了。这跟您去年公开过的模型照片都是脱节的。

当我看到那些模型照片时，差点叫了出来，原来建筑师设计时还对屋顶有着这样一种构想呵。

您不止一次跟我提到，有三根梁浇错了，屋顶关系也不对。我看出了那些梁的问题，但并没有想到建成的屋顶跟模型上的屋顶，是"前"与"后"弄错了方向的。原本出现在厕所公共空间里的屋顶部分，不该是这样的平顶，而是从柱子向外上斜着伸出去的折板。如果那样，我也就理解了，原来设计时建筑师是可能想把平面上特别是入口那种 A 字型和 V 字型的收放关系，也弄到屋顶上去。这样，从东南侧过来的光，就会跟 V 字型折板屋顶形成更为精确和微妙的关系。比如，一定会有一个时刻，阳光是切着折板走的，一定会有某些时刻缺口上的阳光是射到折板上再向下反射的……而现在，则是一条水平缝隙跟室内的地面和墙面的关系。

还有，如果屋顶浇筑正确的话，我就不会在路上看到的是盒子上的一个面，而是一个类似过去火车站月台般的折板屋顶，下面是一圈围墙。天！这个改动还是巨大的，王老师在看到浇筑成果后会不会彻夜未眠呵？

王方戟: 您说的那种效果的确是我们正稿设计想要的效果。当时,跟我们合作的年轻的结构师还说,就三根柱子,撑起一个折板屋顶,做不了! 然后,一位老结构师说,这有什么难,你就把它当成过去公交站的站台设计不就成了。瞧,人家也是把它先想象成一个公交站台的。

在那个时期的设计里,我们也的确是在通过我们的作品向南欧建筑师们致敬,其中包括了诸如阿尔瓦罗·西扎、胡安·纳瓦罗·贝尔德韦格(Juan Navarro Baldeweg)等人的思考。我觉得他们在解决建筑内外的通风与采光关系,几何形式跟体验的关系时,都很有感觉。

您提到了三根结构柱在现场的呈现,也有些出乎我的预料。我们是把这三根粗大的结构柱都留成清水混凝土的了,可在现场时,并不像在平面图甚至模型上表现得跟周围有着那么强烈的对比。

这个房子的浇筑是一次性的。模板搭起来,就开始浇了。一方面,我们这个厕所被视为小项目,施工的工期非常漫长。另一方面,只要模板搭好,主体结构很快就浇筑完毕了。一不留神,现场就出现这样和那样的状况。我们也去找过的,但改浇一下梁就等于全部重来一次。最终,就算做一种痕迹吧。后来我们就相应地改了立面关系的设计。比如,封上玻璃后,您所言的"盒子"感觉就更突显出来了。整个建筑现在看,是拿着一个简洁的齐平的脸对着马路和那几个大房子。然后，转到面水的这一侧，建筑开始活跃起来。平面关系基本上实现了设计目的。一位参加过这个项目的学生说，现在也很好，屋顶下侧窗的光线打下来，在一个高大的空间里显得很柔和，倒是男厕那道水平开口的光线很聚焦。

城市笔记人： 平面关系……嗯，在正稿的平面上，我注意到了几个"小园子"的要素都收拾得比之前草图上更为利落。我说的就是那个"芭蕉院"、篱笆下在桂树那里出现的"凹角"、甚至洗手台这个地方，它们都可以算作是一些微型尺度的小园子吧。它们在厕所和远处的水木之间加了一道中间层次。像那个芭蕉院，基本上是个人进不去的盲院，它顶上没有屋顶，从外面看，它还有着跟男厕小便池上方一样的水平开口。那它的作用和身份的确是双重的、暧昧的。从外面看，芭蕉院属于室内；从室内看，芭蕉院属于室外。

等下让我们回头再聊聊园林这个话题。在我没忘记之前，我得说，王老师的"桂香小筑"是不是有些"重男轻女"了？瞧瞧，男厕这边，小便时，可以通过水平开口，看到如画的美景，入口处还有芭蕉院，洗手台这里一定可以看到后花园……而女厕那边呢，只能看到后花园吧？

王方戟： 是有女生反馈了，说的是跟您同样的话！这个项目本来只有厕所部分，后来内容越加越多，除了规范上要求的无障碍厕间外，又要加一个管理员的门卫室，一个垃圾收集站。加上园区

入口处

的安全问题，女厕这边看风景的开口就渐次地被堵上了。

城市笔记人：说到男厕那道水平开口，得问您一个结构问题。您不会真像西扎那样，一条折线梁，一口气悬挑几十米吧？还有，我注意到了最后墨绿瓷砖的使用，好像并不是模型上的考虑。在外墙和内墙的饰面设计时，您主要考虑到了什么？

王方戟：哪有那么奢侈？我们这道开口的作法便宜得很，就是从屋顶上那些翻梁上悬下几根小柱拉住开口上方的梁，然后砌块砌死、抹灰贴砖就成了呵。至于外墙面的饰面，我们在做那个模型时，还基本上要把折板屋顶和柱子都留成清水混凝土状态，然后下部围墙都用浅色或是白色涂料粉刷。留不留清水混凝土状态，主要还是看运气，施工中有些地方浇得不是那么令人满意，但有些地方反而出乎意料地好。比如入口处的屋顶，我们原来计划要用涂料粉刷的，浇完后现场看觉得挺好，就直接留成清水混凝土状态了。而外墙，尤其是几根梁浇错了之后，我们索性决定将屋顶檐口和建筑侧墙处理成为单材（monolithic）材质，并为此选了瓷砖，还是觉得瓷砖比较耐用。外部的墨绿面砖和内墙的浅白色瓷砖基本上划分出建筑的外与内。色彩标识出转变，但是以同样尺寸且内外墙齐平的面砖贴法，有点做模型的感觉。等将来树长起来，周围的林木开始茂密，瓷砖会跟环境渐渐地长到一起去的。起码，我希望如此。

建筑里的几何

城市笔记人：还有两个跟这个设计有关但更与您一贯的设计思想和方法有关的大问题，想请教下。您去年在华南理工大学做了一个题为"建筑设计中的几何意义及方法"的讲座，我看了笔记，其中，您在解析西扎的潘蒂科萨（Panticosa）那个体育运动员之家设计时，您是这么说的：

"一个明显的倾向是首先要从更大的场地角度去想这个建筑应该怎么存在。假如没有看刚才那一系列的'谷歌大地'（google earth）照片，我们可能就不太好理解，看了之后就觉得很好理解。

因为当世界尽端似的谷地出现时，人还是要爬到山上去的。所以，这种'人和这个山'之间的关联是非常密切的。那么一旦这个建筑出现，它就不该只是个客体，不是我们平时看到的拔地而起的建筑，因为周围到处都有山。这时，西扎说，他非常在乎从山上看下来的景象，也就是说，当这个建筑变成了扁扁的房子时，从山上看下来，才会是高低错落，像地景的一部分，而不是一个独立的建筑……在地下室层，有三套几何关系，三个角度。最终化解是在这个地方，正好利用上面的结构下来，给了几何关系的交接……靠平面上的渐进，而不是剖面上的渐进，把人逼到一种尺度上。在公共建筑中，设计师是无法把很小的尺度统一套用到人身上的，因为那会让人觉得特别压抑。但是西扎靠这两种尺度，让你在一个比较宽的空间里感受到小尺度的感觉。"

我在读您的西扎建筑解析词时，不由地会想到"桂香小筑"。特别是在比对可能是倒数第二稿和正稿之间的差别时，我看到，您最终呈现的建筑几何不只是建筑本身的形体关系，还是一种试图跟基地——尽管基地条件在远香湖的规划中很模糊——跟周围邻居和景物之间进行的对话。

王方戟： 对，最终，在我看来，建筑里的几何要成为一种综合的结果。比如正稿的几何和您说的倒数第二稿的差别，就在于正稿上的几何线还跟建筑的结构——梁的走向——有关。同时，没错，这个小房子也的确是在向西扎致敬。那种不断的开合，在同一个空间里局部出现个人尺度，另外的地方出现群体尺度，以及叠加了风景的几何关系，正是我从西扎建筑那里悟到的许多体会之一吧。

感知体验

城市笔记人： 最后得请您聊聊园林感悟。我知道，您、童明、葛明、张斌、董豫赣、柳亦春等建筑师都对这个话题关注已久，哦，更别提王澍了。我似乎在博风公司的其他项目里很少看到您对文人造园传统的解读与再利用。而在桂香小筑，不只是名字要给我们一种园林的意味，入口处的芭蕉院对于醉白池那个"半山半水半书窗"边上的园子的援引也很是明确。您在一个小小的厕所身上，夯进了好多东西，不怕使用者理解不了吗？

王方戟：我觉得园林主要还是一种体验，是通过看似平淡无奇的平面组合创造出丰富体验的智慧。

城市笔记人：您是说园林不该太抽象吗？

王方戟：这不是我们选择造园的第一个项目了。第一个是在四川青城山我们做的那个项目里，但没有实施。当时做一个住宅，场地有限，建筑面积要塞进来不少东西。我们就在想，很多江南园林面积也不大，但人家如何就能创造出那么重重叠叠的深远空间感呢？很多给人印象非常深刻的地方建筑密度都还挺大的。分析一下发现，那些地方往往有一些在不同时刻、从不同路径、以不同的角度可以看到多次的小花园。正是这种同一片段不同状态的多次呈现才给了我们对园林深远的感受。于是在青城山项目中我们就以这样的线索进行了设计。在这个厕所项目中，虽然那时关于园林的思考残留还是有的，但只是一些残留了。主要还是对围起来的花园与公共性很强的使用空间之间，它们互动所能带来的感知体验的刻画吧。另外，我们后来会觉得仅仅对园林进行讨论似乎有一点将建筑封闭起来的感觉，建筑中社会性的因素因而被忽略了。

建筑说到底是一种社会性成果和空间，公厕更是。如果大家来嘉定远香湖游园时，进了这个厕所，出来觉得心情很愉快，那也就够了。

（本文原载于《建筑师》第 164 期，2013 年 8 月）

2

1. 入口处局部
2. 男厕小便池处的视线
3. 男厕室内光线

3

美周弄街景

陈屹峰 × 祝晓峰

有距离的亲切感——关于朱家角人文艺术馆的对谈

2013 年 12 月

2010 年建成的朱家角人文艺术馆对于山水秀建筑事务所来说有着承上启下的意义。建筑师祝晓峰以空间类型为设计原点，用与古镇近似的尺度和相协调的新材料，试图在新建筑和古镇之间建立一种有距离的亲切感。时隔三年，在建筑师陈屹峰与祝晓峰的这场回顾性对谈中，他们围绕着人的体验，就建筑与人、自然、社会的关联性展开了更深入的探讨。

新建筑介入古镇

陈屹峰： 朱家角人文艺术馆落成迄今已近三年了。在今天重新审视，这个房子依旧富有魅力，从基本的设计概念开始，到具体的设计操作直至最终的实现，几个环节都比较理想。与人文艺术馆相关的评论、解读和品谈已有很多，尽管如此，作为一个实践建筑师，我仍然觉得有一些问题有追问的价值。时过三年，设计者的造诣已是更上层楼，相信对人文艺术馆设计过程的回顾会更加客观，对其间得失的体会也会更加深刻。

祝晓峰： 两周前刚好去了一次，室内空间与三年前开幕时相比参差仿佛，但三年的时间，对于许多当代中国新建筑的外观而言，已可以用到"沧桑"一词了，朱家角人文艺术馆也不例外。粉墙的斑驳倒是符合岁月在江南建筑上的沉淀，但庭院的失修还是令我惋惜不已。回顾 2008 年到 2010 年两年的设计和建造过程，个中缘由并不全归咎于小项目的施工水准，某些细节的设计以及过程中的决策在今天看来已成遗憾，而这些又终会投射在对建筑的体验中，包括物以及由物呈现出来的空间。当然，这座以空间类型作为设计原点的建筑，仍然是山水秀自 2004 年成立以来具有承上启下意义的作品。

陈屹峰： 在古镇朱家角，新建建筑沧桑些也许不是件坏事，因为古镇本身就是在时间积淀中慢慢生成的。和其他江南古镇一样，朱家角是个统一而完整的系统，在空间结构、尺度体系、建筑类型、营建方式以及居民的生活模式等诸多方面都自成一体，与当下的新兴市镇迥然不同。在朱家角的核心地带兴建人文艺术馆，这个举动可以视作对古镇固有系统的一种介入，因为新建筑在功能属性、体量、建造方式上都会与周边现存的老建筑大相径庭。新建筑以怎样的一种姿态介入古镇，我觉得这是建筑师着手设计时首先要面对的问题。关于这一点，你当时是如何思考的？

祝晓峰： 朱家角是一座典型的江南古镇。在里面设计一座新建筑，而且是一座博物馆，用于展出反映古镇历史的艺术作品，我的第一反应是：在新建筑和古镇之间建立怎样的关联？我们对朱家角古镇的印象来自于身处其中的体验。在这个"统一而完整的系统"里，河流及沿河的街巷是脉络，由脉络组织起来的，则是尺度和面貌近似的建筑聚落。在这样的聚落里，无论是观、游、居，我都能感受到一种空间的匀质性，这是一种富含孔隙的空间结构，由密度极高的建筑和庭院、天井间错构成。建筑们拥有类似的建构系统和材料语言，而院井们则在相近的尺度里婀娜多姿，吐纳着每一户人家需要的阳光、空气和雨露。我称这种空间结构为"松空间"，并试图在人文艺术馆里用近似的尺度和新的方式呈现出来，我想这就是我找到的介入姿态。在形成方案的过程中，我无数次在想象中描述这座建筑：高密度的建筑占地，内部的空间结构是对古镇"松空间"的抽象表达，通过近似的尺度，以及与古镇风貌协调的新材料，在新建筑和古镇之间建立一种有距离的亲切感。

"松"的空间

陈屹峰：作为一种聚落，江南古镇的确有着很强的匀质性。它们往往沿着河道线性蔓延展开，整个空间体系一般没有明确的中心，也不存在清晰的等级。单体建筑和外部空间大致都处于同一尺度等级内，偶尔有一些尺度稍大的公共建筑或外部空间，也只是给这和风细雨般的匀质性起了些微澜，这和以教堂及周边广场为核心充满张力的欧洲传统市镇有着很大的不同。而江南古镇内的单体建筑也如同你刚才分析的，类型大同小异，建造方式也基本一致。

人文艺术馆希望能延续这种匀质性，确实是一种因势利导的做法，这应该也是建筑师以外方方面面的共同期许吧。而尝试通过相似的空间组织模式来建立人文艺术馆与古镇的关联，我觉的这是对文脉的深层次把握。你定义的"松空间"，我的理解是，古镇上传统建筑中室内空间与庭院、天井等室外空间之间呈现的并不是二元对立的关系，而是处于一种相互交织的一元状态。把这种空间状态引入人文艺术馆，我觉得一方面给设计找到了一个很好的切入点，另一方面也给建筑师带来了很大的挑战，因为只有在特定的尺度体系中，这种空间组织模式才能让人感到"松"，否则，就算拓扑关系一样，当尺度等级不同时，建筑空间给人的感受一定会大异其趣。除了尺度问题外，为了实现对"松空间"的表达，建筑师还必须应对狭小基地和建筑规模带来的双重压力，在空间组织时不免要束手束脚，你在设计操作中是怎样应对这些问题的？

祝晓峰：室内外空间的共生和相融确实是"松"的实质，而人对"松"的体验，在通常情况下得依靠近人尺度的空间来实现，但在其他的尺度里倒也并非没有可能，比如说树林里的空间？对于人文艺术馆来说，业主明确提出展出的主要是与古镇相关的写实性油画，今后也会用来举办古镇题材的水彩画和摄影展，这些展品尺寸不大，并不需要能够容纳当代艺术大型绘画和装置的高大空间，这正和我想采用的民居尺度不谋而合。虽然我本人对当代艺术更有兴趣，也希望这座美术馆将来能展出更为多元化的当代艺术作品，但在尺度的问题上，我对这座小型美术馆还是毫不犹豫地采用了化整为零的方式。二层室内空间和室外庭院的间错配对十分明显，即便在一层，我也把环绕中庭的展厅拆解成了大小不一的空间。

陈屹峰：采用化整为零的方式来控制人文艺术馆尺度的这种做法对空间感知起到了很大的作用。进入到人文艺术馆室内，二层的展厅以及咖啡被分解成四个相对独立的体积，庭院得以介入其间。尽管这些内外空间仍然围绕着中庭组织，但中庭坚决地被排除在二层的空间系统之外，仅通过实墙上的几个洞口来提示它的存在。我觉得这一点控制得恰到好处，这样，建筑二层的空间整体而言是向外发散的，展厅与庭院的交替呈现才能表达得淋漓尽致，进而把"松"的感觉传递出来。而建筑一层尽管没有室外空间的引入，但在这里，中庭起了类似室外空间的作用。漫步在围绕它布置的展厅内，由于中庭的存在，空间序列在明暗与方向上也有一种交替变化，尽管整体感受不如建筑二层那么"松"，但也并不觉得特别"紧"。

祝晓峰：建筑内部有两个通高空间，一个是中庭，一个通往二层咖啡厅，两个空间里各有一部楼梯，是一二层之间动线的反映。

整个中庭以实墙为主的做法，在我自己看来有两个作用，其一正如你所说，在二层中庭的环廊里行走时，空间是向外发散的，内实外空，参观者的注意力将被外圈的庭院和景色所吸引；其二是对中庭内部空间体验的影响，当参观者在一层进入中庭时，四壁的实墙和零星的洞口屏蔽了背后的信息，会给人一点神秘感，这样，天光和举折而上的木梯就能以一种更加鲜明的方式吸引人进入二层的路径。希望这样的方式有一点"召唤"的暗示。

有距离的亲切感

陈屹峰： 刚才你提到了希望在古镇和人文艺术馆之间建立一种有距离的亲切感。这个"有距离"是否意味着相对古镇，你仍然希望新建筑保持相当的自主性？如果确实是这样的话，这种自主性的来源又是什么？

祝晓峰： 关于"有距离的亲切感"，这种"距离"确实意味着建筑的自主性部分，不过这样的自主性我觉得并不能刻意制造出来，而是需要引发自建筑自身的机能。由于这是一座美术馆的缘故，内部空间的体验自然含有一定程度的封闭性、安静感、以及相对具象艺术品而言的抽象性——这些自主性是一般美术馆空间共有的，有别其他建筑，也有别于朱家角古镇的传统。我想把这些自主性组织在与古镇聚落尺度相似的空间和路径当中，并通过新建筑和古镇风貌的并置来营造各个庭院的气氛，由此来获得"有距离的亲切感"。

陈屹峰： 从我的角度来看，你对建筑的自主性和建筑与场地、文脉等因素的关联性态度有所不同，你似乎更注重关联性。也就是说，相比"有距离"，建筑的"亲切感"对你而言更加重要。在和人文艺术馆同期的金陶村村民活动室、胜利街居委会和老年人日托站的设计中，同样能看到你的这种倾向。金陶村村民活动室从场地特点与功能要求出发，建筑平面形态确定为六边形，由于担心这样的建筑对村民来说会过于陌生，你选用了他们所熟悉的材料——青砖、杉木、小青瓦，来给你觉得过于抽象的空间模式增加"亲切感"，同时也使新建筑在材质上与金陶村这样的典型江南村落取得关联。而在与人文艺术馆同处朱家角古镇的胜利街居委会和老年人日托站的设计中，你直接把沿用江南传统民居的建构方式作为设计的出发点，目的想来也是为了获得当地居民所熟悉的建构和空间语言，在文化层面上建立新建筑与古镇的关联。从你写的说明性文字中可以感受到，在设计过程中你曾担心采用传统建构方式是否会给建筑的自主性带来很大的制约，但建筑的最终结果还是让你释然了。

祝晓峰： 与场地和文脉的关联性，是我在所有项目上都会重视的部分。金陶村村民活动室是通过场地分析得出的，但这个推衍出来的建筑却具有很强的"原型性"，这个时候我并不想为了呈现宣言式的原型而采用抽象的建构方式，因为我觉得能否让当地居民接受并乐于使用这座建筑更重要。采用当地熟悉的材料来和使用者建立亲切的关联是我的不二选择，我宁愿抽象的原型隐身其

东向鸟瞰

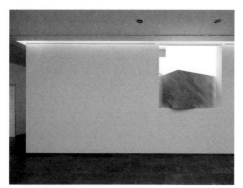

中庭一层的窗洞

后。胜利街居委会则不同，并不是有意要沿用传统的建造方式，而是因为古镇保护区对建筑风貌的限定，我只是欣然接受罢了，我想试一试在营造空间时彻底抹去对形式的欲望，因此关联性在这个例子里从一开始就不是一个挑战。从你列举的作品再加上最近完成的华鑫中心来看，我自己也在不断尝试想要延伸和扩展这种关联。也许你会发现，我早期作品中的关联性偏于视觉和空间原型，而新作品中则试图向知觉方向延展，看看能不能通过建筑，把场地和文脉上的关联性和身体的体验连接起来。另外就是建筑与自然的关联，人文艺术馆用二层的水院用借景倒影的方式"收藏"了古银杏树；金陶村村民活动室在天井中植桂花一株，使环绕式的建筑介于内外自然之间；华鑫中心则通过结构和空间的组织让建筑和大树交织在一起。

从视觉到知觉

陈屹峰：希望把关联性往知觉方向延展，这样的尝试我觉得很有批判性。我们这个时代，信息越来越图像化，建筑设计也不可避免地受到影响，逐渐趋向于单纯的视觉设计。很多照片上看起来很炫的当代知名建筑，去现场一看往往觉得很苍白、很单薄，身处其中，感觉建筑与人很疏离。这应该就是片面追求视觉效果的后果吧。而在那些与人关系很密切的历史建筑中，人的身体与建筑是相互建构的，在感受到强烈的物质存在和场所存在的同时，人也会清晰地感受到自身的存在，建筑始终是和人处于不断的对话状态中。所以如果把建筑设计仅仅看作是纯粹的视觉设计，我觉得一定会妨碍人和建筑之间的深度交流。这样做的结果是让建筑对人而言只是个不具任何意义的空壳，如同普通的工业制成品那样。因为"场所中真正的、直接的经验不能被任何类型的图像所替代"（斯蒂文·霍尔语）。而在梅洛·庞蒂看来，自我对世界的理解和把握就是依靠建立在知觉基础上的身体和身体图式来完成的。今天超越视觉讨论知觉，其意义大概也就在此吧。

不过，真正要在设计中对知觉进行探讨，我认为知易行难。因为视觉是知觉范畴内最直观的内容，是最容易被把握的。而设计对非视觉部分的把握是否有效，直接取决于建筑师自身在这方面的经验，以及将这些经验转化为可被理解的建筑语言的能力。你在延展建筑与场地、文脉关联性的尝试中，是否也有类似的体会呢？

祝晓峰： 我相信，之所以"知易行难"，归根到底还是因为"知之不深"的缘故。比如说，十五年前我就在书上读到，阿尔托通过建筑在身体和环境之间建立起连续体验的文字，十二年前就在卒母托的瓦斯温泉浴室里体验了触觉、嗅觉、视觉、听觉、以及湿度、温度、光线在纯净空间秩序中予人的丰富和美妙，而九年前我就开始了自己的建筑实践，三年前也提出了"建筑的根本目的是在人、自然和社会之间建立平衡而又充满生机的关联"的观点，可为什么直到现在我才真正开始在思考结构和空间秩序的时候注入身体的知觉？我想那不仅仅关乎天生的悟性、思想的懈怠，还关乎生活阅历的积累。火候不到，即便明了道理，却不等于自己真能付诸实践。我还记起七年前曾经写过一篇评论大舍作品青浦夏雨幼儿园的文章，文中曾质疑：始自宏观秩序的设计方法并未能抵达小尺度体验的细节。回想起来，那不正是关于身体和空间关系的话题吗？不论回顾历史还是环顾当代，建筑师中能够在这个层面上有所建树的也并不多见，我感觉自己现在摸到了这个门槛，希望能进去，更能走下去，也担心一不留神自己又退出来了。柯布、路易康、阿尔托、巴瓦、陈其宽、筱原一男都是这方面的先师，今天活跃着的建筑师里，好些着力于建筑本体的日本建筑师们也很好地继承和延展着筱原的思想，如坂本一成、塚本由晴、长谷川豪、伊东、妹岛、西泽、藤本等人的部分作品中也时常存在与知觉的关联。

在朱家角人文艺术馆中，建筑与场地文脉的关联虽然是通过空间建立的，但在体验上却基本限于视觉，而其他的知觉关联是无意识产生的，并非是有意设计的结果，这一点甚至可以从形式和若干细节的处理上流露出来。比如面对水院的那间展厅，四扇地弹簧门顶部实际上需要雨棚来遮蔽并提供更舒适的室内外关系，而我为了各个展厅形制的统一取消了雨棚，坂本一成先生在参观的时候，先是站在室内向外眺望古树的倒影，赞了几句，结果一推门出去就感觉不对，特别停下来问我：这里为什么没有做雨棚？我据实以答，老先生点了点头没说下去，我心里立刻就雪亮了。还有二层庭院周边有一部分玻璃栏杆，为了视觉的消隐甚至没有做扶手，今天看起来简直无法原谅自己。在之后设计的金陶村、还有胜利街居委会项目中，我有意无意地开始放弃对这些刻意抽象的执着，而籍由相对具象的材料和建构方式与环境建立关联。在最近完成的华鑫中心，则尝试了结构－表皮和树枝－树叶两对关系的关联，并通过具象和抽象之间的调配来完成表达。

通往知觉的途径

陈屹峰：关于关联的问题我觉得我们还可以再展开讨论一下。你认为建筑的根本目的是在人、自然和社会之间建立平衡而又充满生机的关联。这个观点很明确，清楚地表达了你的建筑观。但我觉得从你的作品来看，建筑与人、自然、社会这三者的关联似乎并非处于同一层面。我们仍以金陶村村民活动室为例：建筑的原型可以认为是与自然（场地）相关联的结果，而建筑采用村民熟悉的当地材料，则是为了建筑与人能更好地关联，这两种关联对村民活动室这个项目来说，很明显建筑与自然（场地）的关联处于更为深层的位置，尽管与自然和与人两种关联的关系仍然是平行的。以此类推，就像刚才你提到的"始自宏观秩序的设计方法并未能抵达小尺度体验的细节"，这是否就意味着只要对朱家角人文艺术馆的建筑语言加以适当调整或转译，比如说"籍由相对具象的材料和建构方式"，就能使之与人的关联超越视觉层面，上升到知觉甚至更高的层面？

祝晓峰：我觉得从观念的角度来说，建筑与人、自然、社会这三者的关联不应该有深浅高下之分，只是在应对不同项目的不同条件时会有侧重。另外也和建筑师当时的认识程度有关。你对金陶村项目的分析我很赞同，虽然那时开始有意识地尝试建立建筑与人的关联，但在认识上仍然有两个局限，一是设计的过程仍然遵循自上而下的、先概念（建筑与地景）后建构（结构与材质）的方式，二是把建立人与建筑亲密关联的方法局限在具象的材料和建构方式上。所以你会感觉到"很明显建筑与自然的关联处于更为深层的位置"，而村民熟悉的材料和建构则成了一种抽象原型的"搭配物"。我目前的认识是：要想超越视觉、在知觉的层面上建立人与建筑的关系，具象的材料和建构方式并非必要和唯一的条件。阿尔托作品中常见的从小尺度家具、建筑部件、一直到外部环境所构成的连续体验，是用具象方式完成的知觉关联，但还存在其他的方式，比如卒姆托和筱原一男的作品中，就常常发现借助建构的具象性和抽象性的调配、并置、或者融合而达成的知觉性体验；而甚至在建筑语言完全抽象的情形下也可以通过尺度的调节和行为的引导来抵达与身体相关的知觉性，比如路易·康的金贝尔美术馆，西泽立卫的森山邸和丰岛美术馆，还有大舍的螺旋艺廊里面那片内弯的墙都可以证明这一点。

陈屹峰：的确，通往知觉的途径不止一条。而强调建筑与人的关联，我认为注重与身体相关的知觉也只是这种关联的一部分内容。按照胡塞尔的观点，人的直观经验除了知觉以外，还有记忆等多种样式，而在直观经验以外还有非直观经验。这也提醒我们在建筑学的范畴内，与人心理与情感相关的内容比如说记忆、意义等也同样不能被忽视。还是以金陶村村民活动室为例，我觉得在你选取的材料青砖、杉木、小青瓦背后蕴含着某种"家"的意义，这层意义对村民来说是他们集体记忆的一部分，是非常容易被他们理解与认同的。正是因为这些富有意义的材料，他们才会觉得活动室与他们的心理距离很近。对特定地区或特定文化背景而言，很多形、材料、色彩背后都有着特定的意义，有些意义强烈到直接把与之关联的形、材料或色彩演变成一种符号，就如经常被滥用的"中国结"、"中国红"等。

现在再回过头来看朱家角人文艺术馆，它之所以让人感觉亲切，除了我们之前谈到的通过化整为零来控制尺度、重新演绎"松空间"等设计操作以外，我觉得建筑的二层那些游离体量所采用的坡屋面，以及接近江南传统民居粉墙黛瓦的建筑用色等都产生了作用。也就是说，建筑给人的亲切感并不是完全源自于艺术馆与周边民居在空间模式上的关联，也是因为艺术馆本身关联了从属于周边民居的某些形式，从而获得了这些形式背后的意义。我们可以这样假设，如果把现在的人文艺术馆放到一片树林中，周围没有任何建筑，相信这个房子同样会让人感觉亲切。

祝晓峰：我赞同你的分析。相对于"空间类型"这种深层结构而言，"物性"（包括形式、材料、颜色）虽然是表面的呈现，却往往

中庭旁的夹墙小室

门厅

携带着历史积累而成的文化和精神属性，也因此能起到直白的、明显的纽带作用。在设计中，物性和空间理应平等相待，如再能相互触发，就更美妙了。当然，物性的表达也有度的讲究，直接的形式搬用和堆叠易于导致庸俗的符号化，本质性的诠释或意义的转化才可能形成品质乃至境界。

你把人文艺术馆放在一片树林中的假设很有意思。如果真是如此，我对建筑是否具备亲切感仍会感到自信，这时的白墙、灰顶这些词汇将脱离"江南古镇"的语境，而以一种中性且抽象的方式诠释这一聚散的庭院空间结构。这一体系仍然来自我们的传统：即建筑作为鲜明的人造之物，无需在形式上模仿自然，却能够和自然平等共生。这是否意味着：如果一座在城市里的建筑同样能够在自然环境中成立，那么就可以证明这座建筑仍然具备建筑的原始属性，因为原初的建筑就是人在自然中的延伸。

不同的坡屋面

陈屹峰： 没错，从我们刚才讨论的关联性角度出发，无论在原初还是当下，无论地处城市还是自然，建筑都应该展现为一个活泼泼的生活世界，展现为一种生机盎然的存在。也许只有这样，建筑才有可能接近海德格尔所定义的栖居状态 ——"拥抱大地、接受天空、期待诸神、指引人类"。

这次关于朱家角人文艺术馆的对谈，我们讨论的大多是比较宏观的问题。作为实践建筑师，我现在想以一个非常具体的微观问题为我们的对谈收尾。建筑二层的五个游离体量采用了不同形式的坡屋面，咖啡厅是双坡、三个展厅为单坡，但坡向各不相同、中庭则采用了篆顶。这样处理的原因是否出于对如下几个因素的综合考虑：屋顶平面形状及尺寸与其形式的匹配，建筑外观形态的要求，内部空间形态的要求、结构与构造的限制？

祝晓峰： 平面形状、尺寸、外观、内空间、建构，这些都是考虑因素。当初设想在二层安排几间100平米左右的小展厅，在这块三十余米见方的基地上摆来摆去，就得到了现在的布局，展厅沿着中庭的回廊呈风车状布置。二层的五个小建筑里，中庭为了中心内聚的空间属性而相对低平，天窗的浅篆顶是为了排水找坡，其他四个小屋从一开始的直觉就是坡顶，以和古镇大量的坡顶民居协调。展厅采用单坡是为了周圈高侧窗的自然采光在室内的光效，这是双坡空间不能达到的，为了光的通道，二层的小展厅在混凝土框架之上采用了无圈梁的单向钢梁屋面结构，单坡的坡向则兼顾了外部的体积关系和庭院空间尺度的需要，比如东南角的展厅外高内底以加强建筑在二层内凹的"势"；西南角的展厅内高外低以连接南院外老建筑的高度；西北角的展厅外高内低以压低水院前的驻留空间来欣赏古树的倒影。东北角的咖啡厅用了双坡，在内部，双坡空间帮助我捕捉和聚焦老银杏的风景；在外部，北坡用来减弱建筑和美周弄店家的尺度差异（最后结果是这一差异仍然过大），南坡则顺应古银杏的树形，形成了水院北侧一个倾斜的界面，也正是这一倾斜为水院西端的参观者让出了古银杏的身姿。现在回过头自我评价，双坡是好的，但东端为了室内的景观上得过高了一些，虽然北侧下坡，但还是给街对面的店铺造成了尺度上的压力。在设计时也有这样的担心，在权衡之后优先让位给了咖啡厅室内空间的需求，建成后站在银杏下、坐在咖啡厅里比较，如果咖啡厅东头的最高点低一米也许会使室内外不同的尺度诉求平衡许多。这是我的一个遗憾。

海德格尔的"栖居"是一层很高的境界，希望能朝着这个方向不断努力。

陈屹峰： 一起不断努力。

1

2

3

4

1. 西院
2. 北院
3. 中庭
4. 水庭
5. 茶室

5

水院

柳亦春 × 祝晓峰

与自然合作的新"园林"？——关于华鑫展示中心的对谈

2013 年 8 月

位于上海徐汇区桂林路的华鑫展示中心是山水秀建筑事务所在开业第九年完成的作品。主持建筑师祝晓峰认为，它对自己当下建筑观的实现程度超过了以往的作品，可谓新的起点。柳亦春与他的这场对话，从场地中的六棵香樟树谈起，缓缓深入到关于秩序、身体、园林的种种感悟中。

几棵大树

柳亦春： 毫无疑问，任何一个建筑师看到这块地，都会被这几棵大树所吸引，但给出的策略或者说应对方式肯定是千差万别的。这种差别既可能是因为每一位建筑师对场地的理解与重视程度的不同，也可能是因为每一位建筑师一直以来持续的设计思考各有侧重。我能够感受到在建筑现场从你身上流露出的一种溢于言表的兴奋，我知道这一定并不仅仅是这个成功的建筑本身所带来的喜悦，而是你持续的关于建筑的实践与思考有了一个阶段性的自我肯定，是不是这样？我想我能感受到山水秀的设计作品中的某种一贯性，从"青松外苑"到"朱家角人文艺术馆"，在设计中对于环境的关注，就像"山水秀"这个事务所的名称一样，那么这个设计较之于以前的设计最令你欣喜的肯定在哪里？

祝晓峰：确实如你所言，近两年来我自觉对建筑的思考进入了比较清晰的阶段，所谓"四十不惑"，就是指这个吧。山水秀从2004年创办至今已逾9年，前三年是"不吐不快"，总是想用过去所学对江南地方的环境、材质以及空间进行当代的诠释，比如青松外苑、金泽教堂、晨兴广场。中三年是迷茫期，只有实践积累，缺乏思想进步。当然，这时期的大沙湾海滨浴场和朱家角人文艺术馆成了后来思想进步的基石，但它们的设计思考在当时更多的是一种"下意识"，而非有意识的清晰研判。最近三年，由于对思想停滞的自责和不满，开始通过阅读和写作提炼自己的建筑观，这些思想的变化和观念的养成，在东来书店、金陶村活动室等项目中经历了片段式的表达，但直到华鑫中心建成才以比较好的方式呈现出来，我的"溢于言表"大概就来源于此。

我当下的建筑观可以大致总结为三：一是建筑的目的，作为人的延伸物，建筑应当成为一种媒介，在人、自然和社会之间建立平衡而又充满生机的关联；二是建筑的本体，建构为空间服务、空间由建构生成，如此方能成就新的秩序；三是努力将前两者合二为一，目的和本体的一致是建筑的理想境界，也有赖于可遇而不可求的机缘。

华鑫中心对这三点均有呈现，此为山水秀过去作品所未及。所以我把它看作一个新的起点。

柳亦春：对一名建筑师而言，形成自己的观念是重要的，就像在密林中选择一条道路，并且在行走的过程中，你逐渐确信这条路就会接近一个有着期待中风景的目的地，但怎么走这条路，却是至关重要的。和密林中的行走不同的是，建筑的风景是你自己创造的。我想非常具体地问你，第一次看到这块场地，你打算怎么对待这几棵树，是一开始心中就有一个完成后的风景的意向，还是在设计中逐渐产生的？

祝晓峰：这是一个逐渐产生的过程。第一次看到场地里的六棵大香樟，就感受到它们的力量和挺拔，有华盖玉立的气质，但又由于被周遭喧闹的城市道路和荒瘠的工地所包围，显出几分孤立和凄楚。虽然在建成后工地会被绿地和新建筑替代，但这六棵树还是会和它们所赖以生长的绿地一起，成为城市人造环境中的一个孤岛。考察基地时，我在几株大树内外反复踱步，并未急于在心中勾画完成后的可能风景，而是调动自己的全部触角，去体验树给我的感受。无论如何，在城市里看到这样聚在一起的自然之物，是多么的珍贵！

在思考的开始阶段，虽然没有有形的意向，但有一点是无须置疑的：就是这座建筑一定会和这组大树形成某种关联。我们开始形成的两个方案，都是在试图寻找这种关联。一是集中的，两层高的整体建筑布置在树群的南面，和树群保持距离，形成一种面对面的对话关系，树群将成为建筑北侧的景观资源；二是分散的，若干单元式的平房散落在树群内外，让树群参与建筑之间庭院空间的营造。在建筑与自然的关系层面，方案一强调了建筑与自然的各自独立，两者依靠脱离和对视建立一种相对的关系；方案二则让建筑与自然交织在一起，两者的关系更为亲密，可是单层的平房占地较多，不利于底层公共绿地的开放。

最终的风景于是渐渐浮现，建筑不会是一只完形的盒子，而是一组与树群交织在一起的庭院小屋，它们将升在空中，在游走于林间的同时，为下部提供开放、阴凉的公共绿地。

你说的密林，注定是每位思想者的必经之旅。而观念的养成和方向的确立，就好比找到了一条心仪的小溪。

秩序的形成

柳亦春：嗯。在当代的很多建筑师的设计实践中，确实形成了这样一种现象，他们不再像以往的许多建筑师那样，在勾画草图的时候，建筑的形象就已经跃然纸上了，恰恰相反，很多建筑师，比如 SANAA，越是在一开始就想到了结果的，越是一早就放弃，转而享受那种逐渐寻觅结果的过程。当然，这只是一种设计习惯或者方法，并不能证明以后者的方法展开设计的建筑一定会比前者好，但在后者的习惯里，显然隐含着一种求新的欲望以及可能，而且在那个逐渐寻觅的过程中，其实方向和目标可能始终没有变过，就像华鑫的这个项目中那个与树相关联的愿望。当这个与树相关联的结果呈现在我们面前时，我想没有人会质疑这个愿望，所有人都会心领神会。而此时的我最感兴趣的一下子就从你的美好意愿转入到具体的建造层面去了。因为一棵树并不是一个柱子，在平面上可以被抽象为一个主干的小圆和一个树冠的大圆，在空间中，满是枝杈的位置，你是怎么定位的？怎样将这些空间的枝杈组织到你的建筑中？当然，在这个问题之前，其实还应该问一下，"L"形和"Y"形的建筑平面形态，是在思维的哪个点位产生的？看你的草图和最终的平面形态还是略有差异的，是结构还是功能性的因素介入后产生的变化？

祝晓峰：求新是每个建筑师或多或少都有的野心，但为新而新的刻意是危险的，尤其是在形式上。我更倾向于思考方向的新，并会首先判断这个新的切入点是否有其意义，而把狭义的"形式求新"延后到对几种可能性的最终选择之时。许多建筑师都有自己习惯的方向，伊东从结构出发，库哈斯从社会出发，SANNA从program出发，卒姆托从感知出发，但无论哪个方向，其结果都会指向一种新秩序的形成。在这个项目里，我尝试从建筑与自然的关系出发，抵达一种新的空间秩序，而结构和材料是形成这种秩序的手段。

鸟瞰

半透明墙体

建筑与树的交织

在决定把建筑与树群的交织关系抬升到空中之后,我就产生了"Y"形平面的想法。我记得先画了一张大树和悬浮建筑的剖面草图,然后就转向平面,勾画建筑在树干间的进退,这时候我意识到,与直角相比,"Y"字的三条腿之间可以有不同的夹角,可以允许建筑更自由地穿行于树干之间,我拟定了100、120、140这三种可能的角度,"L"型只是"Y"型的一种。另一个重要的原则是:建筑不会是一个整体。因为树有六颗,所以想到建筑也可以分成几个单元体,从而获得尺度的相宜和与树共舞的机缘,单元之间通过桥来联系即可。数个单元体的想法使我感到振奋,因为它不仅能够使建筑以一种解放、轻松的姿态介入自然,也能暗示某种单元性重复——这将指向一种可能的新秩序,无论是结构、还是空间体验。由于功能和尺寸的缘故,最后形成的4个单元和草图时的5个单元有所差异,但没有实质区别。

在方案阶段,树群枝干的分叉是导致我们严格控制建筑高度的初始原因,一二层的层高均只有2.8米。由于我们的"L"和"Y"都只有4.5米的宽度,加之底层开放的绿地景观和通高的中庭,我对这样的小尺度从一开始就怀有信心。小院、小屋才能使这组空间里的人在感受亲切的同时,更为景仰其上的自然华盖。我们第一次看地之后就联系业主,希望测量3-7米高度的树枝位置,但升降车一直无法到位,直到准备开始施工图时双方才共同商定,用土办法做了估测,就是用长竹竿举着卷尺测量高度,在现场对着平面图做大概的方位标注。我们发现有两根大树枝将会横穿建筑，而当时我们正在和结构工程师讨论结构方案，已经确立了钢骨混凝土墙支撑钢桁架的体系。直觉告诉我，与其移动建筑避让树枝，不如让树枝和桁架相互穿插，建筑和树干的关系是第一层次的交织，而这种穿插会自然形成第二层次的交织。经过和结构师、施工方的简单讨论，我们决定建筑位置不改，一根树枝将伸进水院，另一根与会议室打架的树枝，将生长在我们专门为她留出的三角形天井里。做出这个决定的当天我十分开心，意识到自己做了正确的事，甚至有一种"我正在与树合作，一起做设计"的感觉，那是非常非常美好的记忆。

回到更为抽象的秩序问题，大舍正在建造的龙美术馆就是一个鲜明的例子，在看到模型的时候，我已经强烈地感受到某种新的空间秩序的存在。我很想知道你们的出发点是什么？是光？结构？和路易·康的异同在哪里？

柳亦春：龙美术馆以某种拱形秩序构成，出发点其实是身体。在之前的螺旋艺廊的设计中，有一处当时因为心里一动而做出的垂直方向的曲面空间让我深切地体会到身体的存在，这一次也因为结构的因素而选定拱形的空间。因为是在一个既有的 8.4 米标准柱网的地下室上展开设计，再加上功能是美术馆，于是想以另一种墙体结构取代柱网结构。其实，在这里，身体与结构是因为一种耦合而同时出现的吧。如果说和康的异同，相同之处我想首先应该是"罗马"，不同之处么，康可能对空间中的"光"、材料上的"光"更在意，而我此处在意的是相同类型的空间尺度成倍缩放所形成的空间与身体之间的张力，一种举重若轻的感觉。不过这个感觉还在想象之中，尚未验证，这也是我最近心中颇有些紧张的地方。

祝晓峰：从模型上，我能够想象你说的"空间与身体之间的张力"，而举重若轻，大概是来源于从小尺度空间进入放大的同类型空间时的体验吧？

柳亦春：我注意到你不断地在重复"秩序"这个词，伊东丰雄写过一本《衍生的秩序》，路易·康说"秩序是……"，你不断重复的"秩序"一词是空间、形式中和理性相关的内容的代名词吗？还是就是指一种深层结构？

祝晓峰：空间秩序、形式秩序相对狭义，如果要保持讨论的开放性，应该指一种深层结构。自然、社会、人，以及任何人造之物都有其内在的逻辑和秩序，但不是所有秩序都有诗意。建筑亦然。说到华鑫中心的内在秩序或者深层结构，也许可以超脱前面所说的建筑与自然的关系问题，而讨论空间体验本身。我是想通过建构来营造空间，并在路径的引导下获得时间的层，我想看看这样能不能实现时间和空间的相互引导和激发。在深层结构的领域里有两个例子一直给我启迪，一是博尔赫斯的小说《小径分叉的花园》，一是董其昌探索结构的山水画作。它们都是我希望有朝一日能够看齐的境界。

记得我们在同济大学建筑城规学院带实验班设计课时讨论过康在金贝尔美术馆的成就，你当时提过这包括光、结构、尺度的体验之所以难以名状，定是因为这些要素都和人的身体建立了关联。我对此深表赞同，这种关联妙不可言，可以说就是金贝尔美术馆有形秩序背后的深层结构。

身体与结构的"搏斗"

柳亦春： 第一眼看到这个建筑轻盈地穿行于大树之间，那是建筑和树之间的友好关系，人是置身事外的。进入建筑上到二层，人从建筑出来，开始体验廊、桥、院这样的空间，其实你又叠加了长期以来你对园林空间的经验。比如那个水院，在那么小的建筑内，而且是二层，结构、层高条件都非常苛刻的情况下，你还是做到了那种园林的感觉。

其实，那时我是有一些怀疑的，因为这让基地内的树脱离了作为第一自然的野性，成为更偏于园林中具有文化内涵的景致般的影像片段，倒映在水面上。你在朱家角人文馆的屋顶上也曾经采用过这一手法，屋顶的水池将不远处的大银杏树引入到脚下的视野中。不过，当我下了一级台阶进入二层分散的一些独立房间的时候，那种在树下的感觉又回来了，又重新获得了身体受到树木庇护的本能意识，我想这与你在树木间有意或被迫压低的层高是有很大关系的，尺度是获取身体感觉的最重要因素。我记得王方戟

石子庭院

在数年前写大舍的三连宅时也特地描述了从门廊到厅里，下了三级台阶，有一种进入船舱的感觉。这几天和城市笔记人谈起我以前在广州市设计院位于三楼的办公室，进入也是要下三级台阶的，果然回想起来也是有进入一艘船的感觉呢。因为上了楼梯到了楼上，再下台阶去到一个空间里，是必然要有所期待的。现在再想想你的这个建筑在二层的这些小房间，尽管门并不低，却总感觉当时是低着头进入、并有一种坐下的愿望呢。

祝晓峰：那些分散小屋真让你有了船舱的想象吗？这是很高的褒奖啊。不过在设计过程中这并不是一个主动的意图。出于排水构造的需要，室外庭院的楼面必须抬高，而对建筑总高的严格控制、以及对室内净高的尽量争取又使得室内楼面不宜抬高，在面临室内是否抬高的抉择时，我才仔细地考虑这个微妙之处，当时想：室内是要坐下的，下个台阶可以增加暗示，而且坐下来的视线稍低，可以更好地欣赏院子里的水和树——这个想法最后盖过了"平的才方便安全"的常识。柳亦春：前面你说康的时候提到了身体与结构，最近正好在阅读筱原一男，他的建筑里身体与结构那真的又是一场"搏斗"了。我在《时代建筑》上看到你那个非常漂亮的但被缩得很小的展示结构构件的小模型照片，对比发现最终空间内的钢结构斜撑都被你和设备整合一处而从空间中消隐掉了。周边的桁架是隐约暴露在两层的波纹扭拉铝片中的，唯一一处在穿越方向的桁架，是在二层石子的院子经过一个连桥穿越到水院的刹那，那个三角形的门洞，既要照顾到人行，又要让出树枝，还要保证结构的成立，那种紧张感就是通过身体、树木与结构之间"搏斗"获得的啊！

祝晓峰： 在建筑和树枝相互穿越，并和人的步行路径交织在一起的时候，身体和树、以及结构的"搏斗"确实发生了。而说到筱原一男给我的启迪，在这件作品中还是主要发生在结构和空间的关系上。筱原的建筑结构总有一部分被暴露、甚至在尺寸上被戏剧化，也总有一部分被内表皮隐藏起来。抽象的表面和具象的结构构件之间形成了充满张力又相互依存的关系。这在筱原前三个样式的作品当中经常看见，但我最心仪的还是第三样式中的"谷川之家"（1974），因为其结构表达并不像其他作品那样刻意，也因为它自然地引入了赤裸的自然——这也是"白之家"限于场地条件所无法触及的。第一次看到谷川之家的照片，我就有一种被击中的感觉。也许是性格所致，我激赏筱原宣言式的表达，但自己却不想这么做，所以在向筱原致敬之余，我尝试以一种更为克制和相对谦逊的方式呈现结构和空间的关系，我喜欢把戏剧化张力的呈现控制在很有限的一两处。说得简单点，我只想偶尔搏斗一下，大部分时间还是喜欢轻松自如的感觉。

不锈钢和铝条

柳亦春： 我见到过一张施工中的只有钢结构框架的照片，支撑整个漂浮于二层的钢桁架的是十段混凝土的剪力墙，那张照片给我一种力度感。现场的剪力墙则被镜面不锈钢包裹后消失了，不锈钢倒映着周围的树木绿化，建筑是真的从视觉感知上漂了起来。毫无疑问，这层不锈钢和你在二层使用的波纹扭拉铝片是匹配的，这也使这个建筑有了华丽的时代特征。我想知道，在你的内心深处，你是怎样看待这两种材料的在你的这个建筑中的作用的？

祝晓峰： 不锈钢和铝条，这两者都是空间的营造者。二层要存在、一层要消失，是两者存在的首要缘由。一层使用不锈钢包覆混凝土墙，这样的抽象性表达以悬浮的视觉体验为优先，而非强调受力传递的结构表现性。二层的存在从远处开始已经凸显，而我希望在逐渐接近这座建筑的时候，人的感知会慢慢发生变化，一是意识到建筑的体积是散的，穿插在树之间，二是通过半透的墙体隐约观察到二层的院落空间。开始的选择是穿孔铝板，后来觉得不甘心，因为这座建筑虽然是人造之物，但由于它与树群的亲密关系，我希望它具有与树类似的品格，就好像两个人生活在一起，或多或少都会耳熏目染一样。波纹状的扭拉铝条间错排列，能够像树叶一样过滤阳光、空气、雨水和风景。而隐约显露的桁架腹杆，就好比生长着树叶的树枝。

你说"华丽的时代特征"？从结果看是这样的，但我庆幸那不是我这样做的缘由。我想，如果古代就有不锈钢和铝条，中国园林里可能早就看见它们的身影了。我相信，只要是空间需要，什么都可以信手取材。

如果二层完全是室内空间，那么建筑和树的关系将仅限于体量上的进退趋合，有了屋、院、廊、桥，我就有机会在人的尺度和体验的层面深化这种关系，所以园林空间在二层的出现对我来说是个毫不犹豫的决定，况且，一间间独立小屋也更能满足业主对于洽谈和会议的私密需求。在这些缘故里，我想第一位的还是如何让建筑与自然的关联成为人能够感知的体验，园林空间帮助我做到了这一点。

柳亦春：其实屋、院、廊、桥并不一定就意味着是园林吧？有了那片水，我觉得才是园林了。

祝晓峰：是的，你怀疑得很准，在这个作品里，水是我反复犹豫的一种材料，包括地面水池和二层水院里的静水，以及桥上的瀑布水帘（你们来参观那天没有开）。

水几乎是中国传统园林的必备要素，但我在自己的设计里想到园林，总是试图保持一个抽象的概念，包括空间、材质、故事，以避免具象的参照。如果想强化野性自然和人造建筑对比的纯度，似乎建筑里不该出现任何树以外的自然之物。但在构想着一个个院子的时候，我最直觉的反应是赋予它们不尽相同的气氛（这点和朱家角人文艺术馆类似）。几乎所有的大小院子都在老树的庇护之下，而所有的院墙都是由扭拉铝带和隐含的桁架腹杆构成，所以楼面就成了唯一可以用来调节庭院气氛的物质部分。我选用了碎砾石和石板这两种与树不同的自然物，也就没有充分的理由拒绝水。在朱家角，银杏树和建筑本就有距离，水通过倒影将树收藏入馆，但"树及其倒影"的场景仍然是建筑和天空的框景。而在华鑫中心，和砾石铺就的庭院相比，水院用倒影的方式消解了楼面，从而扩展了树和墙形成的空间。但对桥上的瀑布我一直拿不准，在觉得可有可无的时候就想不如取消，这件事受到了事务所设计团队其他成员的影响，他们都支持做瀑布，因为这样可以上下循环活水，在空间体验里增加流水的声音，并能够帮助抵消街边的噪音。我犹豫再三，最终接受了团队的建议。希望下回还有机会让你看到这幅瀑布，并告诉我你的评价。

柳亦春：我想我对水的疑问和你的犹豫，究其缘由可能是不一样的。从这个建筑的自身条件来看，就像我前面说的，在结构和层高条件都很苛刻的情况下，在二层的架空楼面上引入水面这个做法，是不是有着布景化的嫌疑？这也是我现在对于"园林"在当代建筑中的疑问——她的感官意义究竟是怎样的？这片水面，是"自然"吗？或者，就是一面镜子？从这个角度讲，瀑布的设置或许反倒加深了水的特质，假如，在炎热的夏季，这瀑布可以调节一下小气候，假如，这片水面可以让室内的空调效率变高……

而二层室内下沉的感觉，我想说的不是船舱，而是在树下的感觉，在那里有着非常好的安定感，这是我对实际结果的评价。这样的经验对于建筑师而言是非常珍贵的，是的，你只下了一级台阶，

室外，局部

一层售楼处

按照规范，这样是被认为"不安全"的，但是，人的行为真的是和尺度有着极大关系的，在足够小尺度的室内，哪怕楼梯没有栏杆，也会是安全的，因为那时人的身体是紧张的，已经能足够好地捕捉到安全边际。在你这里的一级台阶，是从室外进入室内，是在进门的刹那，材料、氛围、空间、光线均有一个足够的变化，有一级台阶是完全可以有预期的，"低头进入"的感觉我到现在还印象深刻，所以在这里你对规范的挑战是值得赞赏的。虽然有屋面内外构造的权衡，这也正是体现了作为建筑师优秀素养的地方。不光这里，这幢建筑的建造完成度真的很棒，看看那些波纹扭拉铝条和一层室外吊顶的斜向铝条格栅的精确对位就知道了，这样的控制，从设计到施工都是令人赞叹的。

回到不锈钢与混凝土的支撑墙体，我想假如没有不锈钢，那几根混凝土支撑墙应该也并不会具有多大的表现性，当然这完全是我个人的观点。镜面不锈钢的效果和"一层要消失"的意图是显而易见的，从目的、手段到结果都顺理成章且效果显著。不过在我看来，不锈钢和扭拉铝条反倒是极具表现性的，由此形成的华丽的外表，倒也并不存在一个绝对的价值判断的暗示。作为这个建筑，一个售楼处，这也是适合的并且很容易深受欢迎的。

在这个设计中，我以为"一层要消失"确实是个建构的重点，以最小的基础干预场地，这是非常重要的出发点，它显示出建筑师对场地、对自然的最直接的尊重，让更多的地表水透入地下、以最少的施工污物保证对现有树木生长环境的关怀。那十片着地的短墙正是建筑师良苦用心的见证，你愿意放弃这样的建构性而让位给视觉性，现在再回过头来看，也正是这个建筑的一个重要特点。

祝晓峰： 关于水，你的犹疑我确实没有。传统园林理水，更要讲究源头和去向，不仅是一园植物的生命所系，也遵循从自然引、借、还的法则。在华鑫项目里，六棵香樟就是我引借的自然了，无水可理。水在二层只是一种材料，和镜子相比，除了涟漪之外确无区别。而加上瀑布，虽有声音和小气候的好处，但这上下的机械循环反而让我觉得不自在了。当然，水这种独特的材料，还限制了人的行走路径，在东侧的石子院里，我甚至取消了廊下的石板，人可以信步院子的每个角落，而在东侧的水院，你只能沿着水中设定的汀步行走了。

一层的消失我确实实现了。十片混凝土墙是为了减少对土地的占用，镜面不锈钢是为了公共绿地的开放体验。还有看不到的"良苦"呢——为了不破坏树根，靠近树的几片墙的独立基础要做成浅埋深，但浅埋深又意味着基础底板面积要大，这样就会遮挡树根从上部获取渗地雨水的通道，最后和业主讨论，想出来在基础底板上预埋一些 PVC 穿管，让雨水能够渗下去。

"去掉大厅"

柳亦春： 其实还挺想聊聊关于"售楼处"的。好像一般业主都是会给售楼处以较大的设计自由度，当然，这也和它的功能有关，"招徕性"是必须的，业主在这个时候通常是唯恐建筑师着力不猛。在国内很多挺棒的建筑师的作品集中，售楼处，还有一个叫"会所"的建筑类型，都占据着一个很重要的位置，这可能是中国建筑一个很有趣的现象吧。华鑫集团的这个展示中心，最主要的用于展示售楼模型的大厅，是在你的几个抬升的 L 和 Y 形体之间围合而成的，为了不破坏漂浮形体的完整性以及"一层要消失"的意图，最终全部是由玻璃将漂浮形体之间的"剩余"封闭而成的，这也在技术上带来了较大的难度，结构、空调、排水，等等，你都非常巧妙地解决了，这里面也必然有很多权衡以及一些牺牲，此时，建筑师的思维判断其实可能特别有意思，你有没有过特别不想要这个大厅的冲动？

祝晓峰： "去掉大厅"？绝对的！你想啊，通过单元的生长形成一种在林间游走的空间新秩序，乃是这个设计想要暗示的雄心。大厅和这可没太大关系，而且还有破坏主题和结构逻辑的危险！但 L 和 Y 一概只有 4.5 米宽，解决不了业主的需求，所以就冒着风险做了这个中庭，在单元之间形成大空间对实际使用而言也是必要的。四周的透明玻璃没问题，难就难在顶上的大天窗，位于三座独立的单元建筑之间，天窗和主体建筑在结构上的连接不能是刚性的。经过和结构师的多次讨论和方案比选，才确定了现在的做法，就是在周边主体桁架的上弦杆底部做了每根两个钢挂钩，把整个天窗挂在上面，这样才是柔性的。这个天窗的结构难度是高于主体的。天窗的排水也费了许多心思，最后选了两个点，让水管拐进了"设备墙"（混凝土墙和外包不锈钢之间）。这十片混凝土墙都只有300厚，但根据其附着的各种设备管道，最终被包裹成不同的厚度，这样就更要拜托镜面不锈钢了。

柳亦春： 嗯，一个设计结果如果是由多种因素导致的，它多半是经得起推敲的。不过从你对"大厅"和你的"林间游走的空间新秩序"关系的描述来看，你的本意真的只是想设计一个与自然合作的新"园林"啊！这还真是个有机会恣意抒情的时代。

（本文原载于《Domus 国际中文版》第 83 期，2014 年 1 月）

1

3

4

1. 室内
2. 水院
3. 生长在三角形天井中的树
4. 售楼处

室内，黎里

王方戟 × 庄慎

关于黎里及双栖斋的对谈

2014 年 2 月

本文讨论阿科米星建筑设计事务所新近设计完成的两个建筑。一个叫"黎里",是位于黎里古镇的改扩建项目,其周围被坡顶民居包围。房子场地上原有一座木构的、有两个连续双坡顶的单层小车间。设计将原车间改造成多功能艺术文化活动空间,供公众使用,并在北院新建一座两个房间的居住空间。每个居住空间各有一个作为寝室的阁楼。阁楼与坡顶上的活动空间相通。使用公共空间的人享受的是坡顶下的大空间,居住空间中的人享受的是瓦屋顶上的活动平台及独特景色。北院居住部分目前尚未建成。第二个建筑叫"双栖斋"。它位于苏州东山陆巷镇东面,毗邻满是桔树林的山坡,是旁边一座居住宅院的独立配房,将用于聚会与休憩。设计将基地上原有的猪圈拆除,建造了一个将基地上原有的一株 20 多年树龄的楝树与一株 15 年树龄的桔子树围起来的"开敞厅堂"。

在对黎里及双栖斋进行访问的过程中,王方戟与阿科米星的主持建筑师庄慎进行了一些讨论,以下是这次谈话的主要内容。

当代中国建筑实践

王方戟： 印象中，以前大家衡量建筑师成就的一个重要标准是他们完成建筑的面积。谁做的项目面积及社会意义大、完成得快，谁就越有成就。这样，面积及影响力大的建筑就显得有讨论的价值。私有小建筑讨论的价值就很低。最近，这种现象有了一些变化。大家也开始愿意讨论一些小建筑。也许正因为这些小建筑牵涉面小，建筑师的思想在建筑意愿中所占比重比较大，通过它们能更深入地讨论一些建筑学问题的原因吧。我首先想知道通过黎里及双栖斋两座小房子，你们想传递的是什么样的意愿？

庄慎： 是的，我们不把这两座小房子看作是为了自娱自乐而做的文艺型小创作，而是一些实践尝试的开始。重要的建筑、规模大的建筑，往往让我想到的是很多的关注度、很大的投资、充分的社会资源与影响力。这些在我们国内高速城市化的今天是习以为常的现象，而我们大部分时间干的也与此分不开。这部分工作在我看来是代表了城市环境的快速度、粗线条、政绩型、消费型的那一面。这部分的设计实践更多地透露出了一种集体的意志，体现了更多秩序与控制的意愿。但仔细想来，这样的实践，与我们周围大量无序的、个体化的、不均衡的城市状态之间的契合度是很不够的。如果这样，情况就变得很有意思了：设计主流的关注方向与现实状态的发展可能性之间居然存在这么大距离，并且试图将一切秩序化、蓝图化的努力看来是那么无力与渺小。我不是认为单个方式本身是错的，而是认为方式的单一是错的。在关注主流设计领域与主流方式的同时，应该关心个体意志，无序发展的那部分。这不是出于某种乌托邦色彩的理想或者某种意识形态的好恶批判，而是主张为了讨论当代中国建筑实践的可能性，我们的实践应该建立在更多元的基础上，不把自己狭隘化。这个大概就是我们投入黎里与双栖斋这两个项目实践的动力所在吧——到日常的情况中去看看实践的可能性，这里有丰富建筑学的新东西吗？

王方戟： 你说的"现实状态"我很有感触。虽然建筑师们想象的建筑及其环境都是非常亮丽、洁净的，但实际上我们身边绝大多数地方都是很无序、乱糟糟的。面对这种压倒多数，无论如何也改造不完的真实环境，中国的建筑师应该如何思考，确实是很重要的问题。接着这个话题，你能否说一下在真实的状态中，黎里这个项目是怎样逐渐成形的吗？

庄慎： 黎里的改造与双栖斋不同，确定方案阶段经历了很长的实践。开始的时候并没有改造的打算，原因是房子本身比较普通，而且当时的状况也相当差，所以一开始就考虑拆除重建一座新建筑。当时的预算是 30 万，是现在的两倍，可以承担起重建一个新房的费用，而且，在一堆老房子的包围当中建一个新房子的诱惑真是很大的。我们在断断续续几个月的时间里做了三四轮新建筑的设计，所有的构思都有一个共同的特点：因为基地被限制在四面的老房子之间，所以需要从采光通风与空间感扩大方面构思，我们的设想是将周围民居的山墙看成新建筑的外界面，在这个最大化的外界面内悬空放入一个新体量，与地面、围墙之间形成空间，从而扩大人对空间大小的感觉。其中的一个方案我个人还是很喜欢的，但后来无法实施。一是由于老镇的风貌要求，新的平顶建筑要的规划论证周期是令人绝望的；二是建新房的行政审批过程比改造一个旧房困难得多；三是后来预算减少了一半。计算一下克服这几个因素要产生的成本及牵涉的精力，我们就放弃了。顺便讲一句，这两个项目我们的工作不仅是设计、施工监督，而且还负责对成本的控制、与相关管理部门的交涉。一句话，投资方只管出钱，钱就这么多，没有追加的，其他都由你来搞定。

功能与情境

王方戟：看来是经过了一个曲折的过程才逐渐走到今天的改造结果啊。那在改造方向明确后，你们的设计概念是怎样成形的？这个概念的成形大概用了多长时间呢？

庄慎：当回过头来考虑改造的时候，我们的思维才回到关注老房子的结构、构造与材料上。我们让施工队扒光了所有原来的吊顶，铲掉墙皮，在黑暗的空间里仔细打量露出来的屋顶与墙面，思考怎样的改造方式是省钱且有意思的。最后的概念形成到有可以开始施工的施工图的速度倒是非常快，大概一周吧。我想比较快的原因是我选择经验性地确定这个改造中两个决定空间与氛围的关键因素，一个是亮子，也就是民居中的天窗，另一个是瓦屋顶的利用。这两个东西正好我有很好的经验。以前我外婆家就在这样的江南小镇上，我住的房间就是这种椽子望板露在外面的坡顶房子，房间里有一个亮子——这是我记忆最深刻的部分。屋子里弥散的尘埃，斜斜地勾画出亮子投下的光柱，尘埃在光柱中飞散，室内的光线是扩散的，让明暗的各部分充满了质感。此外，关于屋顶就是幸福的回忆了。当时我住的房间有个小小的窗，开出去就够着邻居家的坡屋顶，我们总是用竹匾盛了荸荠放在屋顶上风干，往往是还没完全风干就被我这个近水楼台消灭得差不多了。在这次黎里的改造中，双折的坡顶起到了分割上下使用空间的作用。我们把民宿部分一步可以跨出去的矮窗台设计得与面前坡顶的檐口高度一致，使坡顶成了这部分的上人"露台"，用于观看小镇独特的屋顶风光。不同于方便的平露台，坡顶上上下下的"困难"成了这个"露台"的乐趣所在。40个亮子与天窗将光线带入到下面的公共活动空间，同时也使"露台"与下面的空间有了交流，解决了原来深陷周围房屋包围造成的采光通风不足的问题。关于构思还有件重要的事情就是命名，这样的公共空间处理就是处理质感氛围与空间叙事的关系。我们设想底下公共空间的质感主要都深色沉郁一些，室内的光线是非均质的，有暗的地方，同时，进入是通过一段更幽暗的背弄，先抑后扬地引入到室内，所以就为它起名为"黎里"了。"黎"有暗、黑的意思，"里"有市居的意思，正好也就用了镇子的名字。实际建成的室内空间的光

屋顶，黎里

屋顶，双栖斋

线氛围比我们想象的亮一些，暗的部分不如想象明显，背弄目前由于有个开口还没封上，比我们设想的稍亮了一些。而这一点在双栖斋倒是做到了，氛围的明暗质感和我们希望的一样，应该是因为元素单纯的缘故吧。

王方戟：相信很多江南地区的人都有与这个"外婆家的故事"类似的经历，只是随着居住模式的改变，人与瓦屋顶之间的这种亲近机会越来越少了。这也是为什么当我们坐在黎里安静的瓦屋顶上的长凳上的时候非常感慨及享受的原因吧。另外，我觉得也有必要讨论一下功能与建筑关系的问题。我个人所受的专业教育多多少少要求我们将功能问题优先解决。后来，我却发现建筑中的"功能"不应该是一个固定的概念。它经常在建筑的使用过程中产生很大变化。既然功能与建筑之间的关系并不是稳固的，设计中也不必要优先解决功能的问题。在这两座建筑中功能不是非常严密。它们是一种让空间状态首先出现，而不给明确功能指向的建筑。黎里中有一种场景，这种场景似乎是可以倒过来引发与之相关的功能的。双栖斋则是对场地中漫山遍野的树的理解。建筑师将其中的两棵树孤立出来，并动手描述它们的小世界。一种一花一世界的情绪油然而升。我想问的是，在设计的时候，你们对功能的判断是怎样的呢？

庄慎：从功能上讲，这两个房子都是整体使用中的一部分。双栖斋还有一个主房，在小路的对面，那部分民宿的功能是规规矩矩的，而双栖斋的功能相对是自由的，作为休憩活动的补充空间；

黎里现在完成的厅堂后面还有一个现在未建成的民宿作为补充部分，那部分的功能也是非常严谨的，而这个厅堂的功能正好相对也是自由的，作为举办公共文化活动的多功能空间。所以，双栖斋与黎里正好都是整体功能中相对自由的那部分，但是，由于与整体空间分离化的处理，这两个空间看上去都是很独立的。我觉得这种既独立分离，又相互对应成就的整体关系是很有意思的。

单独从这两个建筑本身的角度看，有功能与空间情境错位的意思。黎里提供了一个大的室内空间，特别营造的是某种氛围。我觉得这很像一个舞台，我们把空间布置、材料质感与自然的光线组织成富有戏剧性的状态，房子中间有两个柱子，正好形成了某种观演空间的格局，北部的内外空间的分隔用了一块半透效果的布，加强了这种印象。我希望这样的布置会对使用有所暗示，因为在我看来，如果使用功能能发挥出空间的特质，是最好不过了，而这里空间的特质是靠设计先行揭示出来的。双栖斋中这样独立于功能之外的空间叙事同样存在，但是更加模糊。我们不仅把它想象成可以多人聚会或个人独处的地方——我在拍照片的时候曾经一个人躺下来仰望，感觉十分好，而且把它想象成不需要人的使用存在而自我完成的空间。院子里有了两棵树，还有一根柱子，它们已经相聚成三，不再孤单，空间也不再"无用"，并且，另外一棵在对面民宿部分的楝树也与院内的这棵遥相呼应，还有你说的那些在外面的漫山遍野的树。

空间感知

王方戟： 功能非常自由的时候，对功能的思考变得更具挑战性。看来在两座建筑的设计中，你没有去定义功能，而是通过空间感知的暗示来引发功能。说到空间感知，我理解黎里与双栖斋是用一种以建筑空间的感官效果为核心的方法进行设计的。以效果为主线，在建筑中设置预期场景的设计方法，最后能在感知传递上达到与进入建筑中的人互动，听上去这是一种非常有效完善的设计方法。你觉得这种方法的优势及局限性在哪里？

庄慎： 我感觉关于空间感知的预设与互动，有点像导演与观众的关系。在大多数情况下，人使用空间有习惯性的大致对应的感觉状态，但有时候一些错位是很有意思的。我觉得有针对性地考虑使用者的习惯，预设某种相对应的效果是一种方式，而更加中立化或者更加主观化地预设效果，是另外一种方式。后面一种方式与实际功能的习惯效果形成一种距离与错位，造成非"贴身呵护"的感觉，会强化人对于外界事物本质的感知，从而对照感知到自身的状态。黎里的做法是主观经验化、舞台化的，期望与不同使用方式相遇能激发效果。在做双栖斋的时候，这种中性的场景是刻意安排的。这其中设想与建成之间的事还是挺有意思的。现在的空间里有一根柱子，而当初设想时，整个建筑中能够见到的不止一根，当时设想的混凝土柱子系统与砖墙系统是一个混合的系统，另有几根看得到的柱子嵌在砖墙里，目前留下的这根柱子是唯一一根"逃离"出来的柱子。用这些手段希望给人这种感觉：建筑本身有点自我游戏，有点排斥人的存在，使用看起来是后植入的、需要适应的。这在我看来就是"自然"的感觉了。就是说，如果环境不再对你百依百顺、对你迎合（像现在那些必将使你适应性退化的工业产品一样），而需要你去适应它，甚至去改变自己、去克服不足，你才会发现周围世界的本质与自身的能力，这个时候你的感受仿佛回到了"原始"的状态。话说回来，后来施工的师傅认为嵌墙的柱子没什么用处（事实上对这样的小构筑确实也没什么用处，更像是表现性的），施工的时候自己取消了，留下了一根有用的柱子，就是现在这颗，在空间中的。我后来觉得效果也不错，因为更单纯了，同时也形成自我世界了。

我想这种设定的错位可以看作是一种思维方式吧，隐含了对于是否要功能形式固定对应与是否要过度关护的某种反思。作为一种设计的思维方式，我认为这是可以运用在任何地方的。

有节制的施工控制

王方戟： 将建筑中的感知分为预设的场景及需要克服某些不适才能理解的两种方式，使这个问题变得更容易理解了。你前面提到，对于施工师傅在现场按经验做出的许多决定，你们都欣然接受了。在现场我们也看见很多细节并不是在方案阶段就用详细的图纸控制的，而是由施工师傅按现场状况及惯例进行调整的。你觉得这种更多地依靠经验而非规范来控制的，像农民自建房那样的建造方式，除了在建造成本上比较节约外，还有什么优势？它对于按正规方式建造房子的设计有没有借鉴意义？

庄慎：我觉得设计建造是一个体系化的事。不同的材料建造体系会带来不同的设计与建造方式。传统的土木砖石建造体系与工业化材料生产建造体系有很大的不同，需要根据不同的情况运用。我想应该避免由于建筑师太过偏执的控制欲超出他的专业掌控范围，或者为了一些效果需要而出现的不尊重实际的建造体系、运用不合理的情况。所以，在双栖斋与黎里的控制中，我们更像导演，与施工队是一种互动的关系。比如说黎里天窗这件事，就是我们指定位置，要求施工队直接用习惯的做法完成，他们在做的时候会很灵活地根据施工的便捷调整。再比如双栖斋砌墙的事，大小新旧砖块的砌筑顺序，施工队就自由掌握了，而勾缝的时候，我们则为了效果提出了有的地方干砂漫缝，有的地方就留出粗糙的砌筑砂浆的想法要他们实施。

这样的实践引起我们关于当代中国建筑师创作视野扩展的思考：除了作为全能的技术专家，雄心勃勃地创造漂亮的新建筑，在普通但充满活力的城市中，在并不精美的普通建筑中，是否存在建筑师不一样的工作空间？若能把这两方面结合起来，我们实践的道路也许会更宽广。

设计概念

王方戟：我在这两座建筑中感触最深的是，建筑师只控制建筑最需要呈现的基本性格及状态，在实施的时候乐于见到具体施工中产生的与建筑师预期不同的调整及处理。节制的控制欲给建筑带来了一种按常规设计方法无法获得的细节，一种附着了人的行为及思考痕迹的细节。这是在我们这个高度工业化与非工业化建造方式戏剧性地并存的特定时期中，建筑所能达到的特定状态。最后，问一个很多人会同样好奇的问题：双栖斋的设计概念是如何形成的？形成并完善的过程用了多长时间？

庄慎：双栖斋作为一处休闲配房，基地是原来农宅基地的一间猪圈，开始的想法是设计一座院落式的房间，一直没有想到满意的结果，一是因为基地狭小，室内外腾挪困难，二是院落式的构思难有令我们感到兴奋的地方。目前开敞的双栖斋构思来自于对于院落房构思放弃的那一刻，放弃了封闭的室内房间的想法，接下来的一切就很自然了：顶上不大的洞口，决定了自然光环境的状态；其偏心的位置，由树的位置决定，也决定了被覆盖空间的主次；洞口似圆非圆的形状，是为了使空间简单；低矮的高度控制，除了尺度感，更重要的是为了压低空间使进深大的地方自然光线暗些；当然还有那根陪伴树木的柱子。在数天内，施工的方案就被施工队带去东山开工了，深化的一些细节则在接下来两周的施工过程中陆续商量确定。

双栖斋从大概念到细节处理是统一的，除了上面讲到的自我完成性的空间感觉外，手法上统一采用了创造模糊性的方式。双栖斋是房子？是厅堂？是院子？还是一处景观？我们想使这些处于一种模糊的状态。比如，在基地的处理上，地坪是本身带有坡度的，保留的坡度使双栖斋看上去更像一处室外景观被收集进了一处室内空间中；在涂料面的细节处理上，涂料被设想成一件有厚度的"褂子"，"穿"在建筑这个"身体"上，而这件"褂子"的领口、下摆、开洞的各部分将"身体"上基础与砖墙的交接、砖墙与顶板的交接、门洞与木门的交接遮盖模糊化了。起"双栖"这个名字，本身也有这个含义。

（本文原载于《建筑师》第 164 期，2013 年 8 月）

2

1. 庭院内景，双栖斋
2. 屋顶的天窗，黎里
3. 木构细节，黎里

1

3

城市笔记人 × 庄慎

迟到的回望——关于同济大学中德学院大楼的对谈

2013 年 6 月

位于同济大学西入口处的中德学院大楼是由当时在同济设计院工作的青年建筑师庄慎于 1999 年至 2002 年间设计与负责施工的。因该楼所处的基地条件以及其内部的教学活动要求，对此楼的设计只能是在高层化的前提下去调和场地关系和使用者在建筑内外的各种感受的。建筑师通过对建筑布局的不断调试、对流线内外与上下的巧妙切换、对空间大小与明暗的控制、对建筑体量与校园关系的多层次过渡，不仅满足了设计任务书的种种要求，还成功地在建筑语言、空间序列、构造表达等层面上融进了庄慎当年对现代建筑大师勒·柯布西耶作品的个人理解，从而算是对勒·柯布西耶完成了一次迟到的中国式致敬。而中德学院楼自落成之后到现在，一直是被媒体介绍和讨论得非常少的一个作品。在这个意义上，这篇对庄慎的访谈，也算是对这一完整且完成水平不错的作品的迟到的回望。

中德学院楼项目的背景

城市笔记人: 很高兴庄慎老师作为同济大学中德学院楼的设计者能接受我的采访。一直以来,我都觉得"中德学院楼"是个真正被"低估了的作品"。媒体也好,设计者本人也罢,对这个建筑的介绍都匆匆忙忙的。而仔细看时,这个建筑身上却藏着好多东西。我们这里就从这栋楼的身份开始聊起吧。

"中德学院"的称谓实在模糊,说出了中国和德国两个国家,就跳向了学院。我最近一查,才发现这个学院是"中德政府合作承办的面向联合培养硕士研究生的应用科学类学院",里面主设的是电子信息工程、机械与车辆工程、经济与管理、法学四大学部。那么,在您设计中德学院楼时,该学院的这个特殊身份对于建筑任务书的要求特别是对于方案决定权来说,有没有什么实际的影响?

庄慎: 笔记人老师客气了,很高兴跟您一起回顾有关同济中德学院楼的设计过程。

首先,中德学院的确是由中德双方合作承办的。据我所知,中方出钱建造大楼,德方可能出了一些教学设备。当时,我们拿到的任务书不算复杂,很明确,就是大约要建多少平方米的什么样的功能性房间。德方会对使用要求提得很具体,比如精确设定的办公室大小，有几个人使用，标准如何，厕所里的上水要有热水等。方案出来后，也是中德两方人士一起看的。除功能外，其他空间属性，他们都让我们决定。对设计直接有限制的还有造价。一开始，我们没钱造地下室，后来硬挤了进去（基地局促，一些设备没地下室也不好处理）。那时建这个楼所花的钱是每平方米不到3000元（注：校内建筑不存在地价问题），还包括室内装修每平米约500元，这在当时也算少的了。好在这个楼基本上内外没怎么用贵的材料。

城市笔记人： 我之前曾不断向您讨要中德学院楼的草图。我知道您是个出手迅捷的建筑师，草图肯定不缺。不过，您说，中德学院楼的草图没有被保留下来，非常遗憾……

庄慎： 我草图画得特别多。在一般工作状态下，我的思路比较发散，可以同时从几个路线快速想下去，并快速做出取舍。草图也画得很"概念化"（sketchy），主要是辅助快速思考。我一般边考虑，边随手画，即使是阶段定案以后，也很有可能会改，因为我比较注重设计的整体性。修改也是，往往从一个点开始，最后好多地方一起调整了。我们也做模型，但相比之下，我更多用的是草图。

而做中德学院时，我所画的草图不像现在有本子可以保留，加上那时也没有什么保留意识，随手画，随手丢，基本上没留下来。

另外，中德学院楼的很多细部修改也是在画 CAD 图时一点点精确化的。所以，您现在去看该建筑的效果图、草模、正模照片、CAD 图纸、建成建筑，还是能够看到一系列的调整动作。

城市笔记人：哈哈，今后的草图就要多保留呵！那说到中德学院时，就不得说说一个"现象"。在那个时期，在同济大学校园内，不只是中德学院楼，还有一堆其他学院楼，包括中法中心、建筑系 C 楼、海洋馆、医学院楼等，都是由您、张斌、柳亦春、陈屹峰等这些在当时很年轻的建筑师们独立完成的。这是个什么情况，一下子就有了年轻人施展才华的机会？您设计中德学院楼时，没到"而立之年"吧？

庄慎：是的，1999 年做中德学院楼时，我 28 岁。能有这么多项目直接由年轻建筑师主持，跟当时同济设计院的发展状况有关。感觉当时同济设计院正好处在市场化单位与国家事业单位的混合阶段，人也不多，做建筑的总共也就三十几人。大家的心态也都不错，项目节奏也不错。另外，当时整个建设市场处于上升期。做项目的速度和效率比现在高多了，没有现在这么多中间环节与审批时间。业主要求也没那么"搞"，施工队的心态也可以。况且，就同济设计院的人才结构而言，当时我和柳亦春进去时，前面正好有一个年龄断层。像我们这么年轻的建筑师也不多，感觉是"村里来了几个有干劲的年轻人，"想干活，最好了，拿去干吧！所以，相比同年龄进了上海院或者华东院的同学，我们这批人的实践机会更些。最后，同济校园建筑项目的

"忽然兴盛"还和那时同济大学与原城建学院合并、爱校路沿线整治有关。同济大学因此兴建了一批校园建筑，同济院也捞了好几个做。

中德学院的方案投标过程很顺利。以前的投标表达比较简单，工作量比现在小多了。一般也就画一两张效果图，做个模型，再加点说明图纸。您看到的效果图和模型就是竞标资料。评标人是校领导，陈小龙（时任副校长）在场。他看样子比我还喜欢这个设计。中途，中方曾擅自要增加许多教室，等于要大改方案。您看到的"方案二"模型就是中方要求加教室后的新方案。加了教室之后，大楼主体变厚了，一点儿转身的余地也没有了，体量也拉直了，上面的洞口填掉，下面压缩，其实已等于重做了一个方案。当时我也准备接受了，虽觉得可惜，还没到满地打滚的地步，心态还可以。这时，也是陈小龙出来制止才没让既定的中德学院设计夭折。

我忘了当时其他人提交的方案是怎样的，估计当时选了我的方案是因为它从模型上看形态比较漂亮、比较特别吧。

城市笔记人：同济设计院总是有团队的，那您设计中德学院楼时的合作团队是怎么搭建起来的？还有，您在做中德学院楼之前，已经有了像宝山淞沪抗战纪念馆、海宁钱君陶艺术馆这些作品建成了，您的建筑实践知识是怎样在同济设计院里积累起来的？完全是个人的事情吗？

空中东望落成后的中德学院楼

庄慎：当时院里的组织架构很简单：室主任领了活，找人做就是了。一般会设整个工程的负责人与建筑专业负责人。工程负责人与专业负责人最好是一级注册建筑师，要敲章的。我当时还不是"一注"，但我可以干工程负责人的活儿了。所以像我做淞沪纪念馆时，我们室主任是项目工程负责人，敲他的章，我是建筑工种负责人，干所有的活。到了中德学院楼时，我大概已经被他们看成是靠谱的老员工了，所以虽然还不是"一注"，但当上了工程负责人。图章嘛，敲的是当时这个项目的审核吴庐生老师的。

这里要解释一下，年轻人当时进同济设计院并没有师傅带，就靠自己去查图，外加不断请教前辈。吴老师是我设计院期间讨教最多的人。她构造经验太好了，你问，她就能给你讲很多、很透，老前辈就是好呀！每次问她时，她总是"小家伙，哈哈哈"地笑起来。像中德学院这个项目我自己干就行了。当时胡箐刚进院，院里大概觉得要使新设计师尽快进入项目状态，或许觉得我这个小年轻也可以带带新同志了。胡箐就是在那个情况下分到我这个项目中的。

基地与对策

城市笔记人：每次我路过中德学院楼时，都会拿它跟文远楼比一比。哦，这还不是说文远楼之于包豪斯的影响、中德学院楼之于柯布的影响那种可比性，我说的是，它们分别是两个时代的两种基地条件下的产物。1950年代造文远楼时，建筑还可以被置放到一片大草地上，入口可以退后，建筑体块可以舒展自由地向绿地延伸。这样的情形，自从1980年代中期的留学生宿舍楼建成、图书馆塔楼加建工程开始之后，就一去不复返了。等你们做校园建筑时，基地都是局促的，高层化是不可避免的趋势。在这个意义上，建筑师就要在"螺丝壳里做道场"。您当时是怎么解读中德学院楼的基地条件的？

比如，我们都知道同济校园周围和校内的路网并非正南正北的正向走势的。除了西北角上那片学生宿舍楼都是正向建筑之外，多数校内建筑主要是面朝东南或是西南的。西门附近出现的几栋新建筑，包括土木工程学院楼、经管学院楼、医学院楼等，都出现了新的几何定位线——貌似跟过去的水网有关。经管学院楼的出现，对您的中德学院楼意味着什么？

庄慎：莫天伟老师负责的经管学院在那几个建筑中出现得最早，大概在1998年建成。莫老师当时对整个地块都做了场地规划。我做中德学院楼时，那个夹在经管学院和中德学院之间的圆形广场主体已存在。由于经管学院的入口在二层，圆形广场作为其大台阶的延续而存在。靠中德学院这边的广场当时处于直接切断、未完工的奇特状态。我设计中德学院楼时，必须考虑整体场地，起码要对广场做平面与标高上的顺延与衔接。

因为校园建筑的高层化，我设计中德学院楼时，前后左右的建筑距离乃至关系都很紧张问题变得越来越迫切，如何放置高层体量我觉得是当时最关键的。

当时解决问题的切入是：在广场一侧要处理好中德学院楼与经管学院楼的关系。通过标高、平面的对接，将整合过的广场空间纳入到校园路网中去。而在建筑的背侧，要解决它跟干训楼之间日照的关系，所以主体高层被拉向广场一侧。我当时的设计思路是：建筑在成就别人时也成就自己。"别人"指的就是这些校园空间的关系。我的这种思考方式是在读研究生时形成的，而且一直用到了现在。

城市笔记人：嗯，这一点现场表现得非常直观。我忘了是什么时候第一次见到中德学院楼的，第一感受，就是它跟周围基地存在之间的多层次细腻衔接。比如，主楼就像是一张板凳被挪了挪位置似的，给后面先存在的干训楼喘气的空间。建筑主体被拉得"变了形"之后，它也就从古典的高层三段式里解脱了出来——比如，在同济留学生宿舍楼身上，我们能看到一个突出的裙房，上面一个高高的端庄板楼——而中德学院楼因为给背后建筑和道路挪了一个身位，自己的完形被瓦解了，整个设计像是一系列"谦让的动作"之后留下的过程痕迹。连入口的玻璃大厅都暴露给爱校路上的行人。而且，主体建筑并不是只跟路人有一个层次的关系，在广场一侧，建筑从屋顶花园开始，到下面那个体块，到洞口，到钢琴般的裙房，这是多个层次的关系。在干训楼一侧，计算机房、大教室、大办公室的这部分是跌落下来的五层体块。所以，当时感觉这个建筑就像是因为挪地方，把本该完整的室内体量给暴露出来似的。在我看来，设计最妙的地方主要是沿着爱校路过来的这条动线，使用者会不断体验到沿着侧向切入该建筑的尺度和空间变化，很美好。

不过，我注意到，在最初的草模上，主体建筑平行于爱校路的这片实墙板上还没有开出那个巨大的柯布式切口，只是开了些小圆洞？您当时是怎么想的？

庄慎： 那个部位的设计的确有些想法。由于我要悖论地解决从广场到侧入口或者从侧入口到广场的空间关系，平行于爱校路大墙后面的穿越空间就出现了。而这道墙呢，在我看来最大的用处是"打断"的动作——用以"打断"而不是"切断"爱校路与墙后的穿越空间的关系。因为这个"打断"的动作，产生了一种新的界面，人们由此进入广场，或是从广场过去，侧向空间的收放更为迅速和激烈。就好比"抽刀断水水更流"的道理："打断"反而会产生更好的联系效果。当然，这道平行于爱校路的墙面同时找回了该建筑主体跟校园路网的关系，也满足了与干训楼间日照间距的要求。

当时我也犹豫过，主要担心斜向布局对经管楼的影响，还有给校园空间带来问题。最后权衡了整体性的好处后，自己就很肯定了。

那个柯布式切口（the Corbusian aperture），倒是折腾了好久。一开始只有那片大墙，很肯定。当时我觉得"断"就够了。后来有决策者觉得只一片墙太不通透了，于是我要开通，变成"打断"。一开始，像草模上那样，我开了一群小洞，不太理想，后来时间来不及了，画了两个大圈圈上去做文本。这两个圈圈我估计来自斯卡帕。后来我觉得尺度太小气，不合适，重新改……最后时间快用完了，也累了，就做了现在这个，同时将坡道台阶细部结合了进去，也把上下的细窗放在了一起。

城市笔记人：哈哈，几乎所有项目都有这样的故事，改来改去，最后"急办法"反而是个妙办法。说到改动，我还注意到钢琴般的裙房在草模上也不存在，怎么改着改着就改出来了？

庄慎：我记得第一稿时没有阶梯教室的要求，所以在广场尽头设计了一片树阵。后来增加了大阶梯教室，大概也只能放在那里。关于那个钢琴般的造型，部分是为适应对面经管学院椭圆形的体量。我记得当时决定形成"圆抗圆"的架势，来自刚看过一篇有关斯卡帕的文章，其中描述斯卡帕为白色雕塑展览馆选择了白色调的墙面，并称之为"white against white"（白抗白）。我当时觉得说得太有感觉了，就冒出了这个做法。

大厅夹层的暗

屋顶花园

城市笔记人：那我得问问您一个较为一般性的问题。您是怎么看待"形式和功能和构造和空间"的整合的？这么问也许比较抽象。有些建筑师会特别愿意从排房间开始设计，也就是从平面上开始发动从行为到空间的转化过程；还有建筑师真就是从造型上开始入手的，流线和使用要求仿佛是后来塞进去似的；还有人会从某个原型或是先例开始思考……，您是否存在着自己的常规设计路径？

庄慎：关于设计方法？我本科时很注重空间设计。到了研究生阶段，研究了一些中国传统的空间美学后有了自己的感觉，形成了一些思想方法，再去学习别人时会有个对照。看书、读图在我看来更像一种"对谈"。我一有时间就试着运用那些自己所理解的原理去跟图文对话。这个过程对我很有帮助。我的这种思考方式往往会形成一事一议的处理手段，我喜欢有法无式。

像把淞沪抗战纪念馆与中德学院楼放在一起时，直观上，中德学院楼的形式感很强，形式语言很柯布式，淞沪空间形式是弱的，只有塔是强的。但在另外的意义上，淞沪抗战纪念馆在我看来没有任何形式参照，是个空间设计。而中德学院楼，其中那个最重要的想法，那个"打断"，也是有关空间设计的。

这算不算法同式异？

各种意义的"结构"

城市笔记人：不知道您设计中德学院楼时对于诸如"受力结构和表现性结构"、"剖面上的结构与平面上的空间组织结构"这类话题有着怎样的认识储备。因为在中德学院楼身上，的确有着诸多各种意义的"结构"以及它们彼此之间微妙的衔接与置换。

您还记得我之前曾问过您：这栋大楼身上的哪些柱子是钢柱？因为我看到面向广场的那根圆柱时，看到它和上面梁的交接方式时，会读到明显的钢结构逻辑。于是，就像听到了乐曲里的基音似的，我就开始类推其他圆柱是不是也是钢的？从外部看，特别是广场和爱校路这些侧面看时，中德学院楼貌似一个内外统一的建筑，一条条的水平板线，似乎对位着剖面上的结构以及设备要求。它们既可以说是某种遮阳板，又可以说成是藏空调机的地方。同时，它们还构成了立面上视觉单元的结构线，就像柯布那些大型建筑，特别是那些未建成的高层建筑（比如阿尔及尔大楼〈Algiers High-rise in the naval zone〉、笛卡尔大厦〈Cartesian Skyscraper〉）身上，那种靠立面遮阳板的网格线隐约反映室内用途差异，同时组织着立面尺度的作法。真假虚实，都搅合在一起了。

庄老师，能给我讲讲中德学院楼身上这些"结构"的用意吗？尤其是怎么从结构走向呈现的？

庄慎： 让我讨论有引号的"结构"呵？我其实不太有信心确定我完全理解它的含义。

中德学院楼采用钢筋混凝土框架结构——这是它物理意义的结构。因为平面布置太不均匀，底层又有大的挑空，对结构布置不太有利。这让当时的结构设计师王忠平算得很累。因为钢筋用量很大，这个结构花费就比一般要大。我记得当时项目技术评估时，我们的结构师还因为在这个设计中的钢筋含量大被院里内部批评过。但我觉得这样的评估毫无道理，太死板。当然，后来这个建筑被大家认可后，就没人再揪这事了。中德学院楼入口大空间内由于几层没有水平拉结，采用了一根钢柱。那是因为那个位置边上一跨减了根柱子，要在形式上看上去有一根与其他混凝土柱子粗细相仿的柱子，从强度与长细比等算，只能采用钢柱。钢柱焊接的螺纹线我事先不知道，后来实际看，觉得也不错。

可见，我是把中德学院楼的结构体系也当作空间元素去看待的。于是，我把暴露在公共开放空间内的柱子与一些不规则房间内的柱子都做成了圆柱，让它们与平面隔断一起组成了空间的节奏。这个做法其实与密肋梁的目的一致，都是在部分暴露，而那种暴露与空间的通畅度有关。有的柱子尽量隐没在隔断或墙体里，比如楼上标准房间里的柱子，就从下面的圆柱转变为方柱。

因此，如果单纯从体系呈现的清晰度而言，真正的结构体系的表现程度，在这里，是以空间形态是否需要清晰呈现作为出发点的。我在设计中德学院楼时对此所做的判断的确凭借的是我的那种直接的形式感觉，没有特别主动的主观意识。日后，我渐渐明白到，有关建筑的各个体系的清晰或模糊的呈现很大程度上跟设计所要传达给人的感知有关的。这是建筑本身很有意思的地方，也是很多设计师在作品中一直探讨的话题。我记得 2001 年在法国看到柯布的某个房子在维修。有个喷涂了粗粒混凝土浆，架空层的巨大柱身被掀开，露出了里面被包裹的瘦瘦的真实结构柱梁，原来外观那个看上去那么真实有力的结构是个龙骨装饰的结果。那一刻令我印象深刻。对柯布，非但没有一点被欺骗的幻灭感，反而觉得有一种原来如此的轻松感，真实性与真实感的关系问题不再是一个困扰。

对于中德学院楼，房间的朝向对基本结构起着关键作用。主楼是斜向的，但标准层的房间被转回来与校园路网一致。这样在房间中人的方位感不会乱，也正好把空调外机放到每个房间折齿西侧，窗下水平挑板上，躲开进校人的视线。这样一来，平面柱网变成了平行四边形，选择圆柱也就自然而然了。

关于形式逻辑。这个楼从大到小的形式感觉有流畅与力度两个方面。流畅感是各部分清晰肯定的关系形成的；力度感一方面是形式肯定，另一方面与直线与曲线的交接方式有关。这栋建筑有很多地方采用直线与直线，直线与长弧线用较小的圆弧连接，这是利用不同的曲率变化率来获得不同的力度，控制节奏，变化率大的地方形式积聚力度。一旦明白用怎样的具体手段来形成空间的相互关系，结构体系、围护体系在这个过程中如何转变为营造这个关系的因素，那么对于一个建筑物最重要的整体感就可能形成了。

中德学院是个视觉很"暴露"的建筑，无论它的外部与内部，基本上整合好结构与设备之后就是它的最后外表了，大部分地方不再需要所谓的二次装修，室内外靠建筑的手段形成算是这个楼的特点吧。这是它省钱、看上去直愣愣的原因。这样做，对各专业的整合是有要求的。比如雨水管，要藏好。我记得架空的地方雨水管很难放，最后把一根雨水管放到了钢柱里面，利用了它的空腔；再比如，看似干净的地方也是有细部考虑的。爱校路那片大白墙，为了保持干净，避免挂灰，顶部转折口上做了一个特殊的构造，有两道内泛水，里面有个很精致的类似鱼嘴的金属细部，同时也是一个建筑细部。当然，在下面走的人不会注意到这些。但这个楼里我觉得当时做得最好的细部当属这个了。

城市笔记人：精彩！忍不住询问一下，您的这种对于结构和逻辑的理解，在当时的情况下，是怎样积累和打磨出来的？特别是我们常说的"形式感"是怎么来的？

庄慎：我大致琢磨了一下我当时的学习方法与现在学生学习方法的区别，就是以前是形式训练强、形式意义解读弱，现在是形式意义解读强、形式训练弱。所以，现在有时小朋友们会出现动手难的情况，而我会出现读理论费劲儿的问题。这么说不一定严谨，大概是这个意思。

关于学。做设计的时候，对于形式逻辑、形式感、空间组织能力这些基本要求，是大家都说需要的东西，但关键是如何掌握技能。因人而异吧。培养对于具体化的整体关系的理解，这是我自己侧重的有效方法。记得我念本科时读图，揣摩的重点往往有两个：空间或各部分之间的关系，另外就是情境。当我基本上知道了各个房间的功能后，就对着图，好好想象这些关系和情境。所以，我觉得我对建筑的关系特别敏感，我对空间的感知也特别具体，从不抽象。久而久之，一天到晚地惦记着，再笨大概也会熟能生巧了。学学练练，用学来的心得一次次解决了问题，信心与热情就积累起来了。

当时，我们能看到资料的建筑还数几个大师的作品最好。一般从图文上看，密斯的作品看似简单，里面有东西，但它重要的结构构造从图上无从感觉，最终无感；莱特的空间像经典教科书，但房子有太多的装饰主题与特定风格，也没法光靠一些图纸感知到整体；而最容易学到整体经验的人是柯布，因为他的形式语言本身就清晰完整，相对有着独立的完整性。当然，等我去了现场看见柯布作品时，知道里面的东西远不止那些。所以，柯布是个初学者很好的学习对象。当你对建筑养成了整体的感知能力时，有时候，设计就变得像打套拳似的。开始的手势一起，接下来仿佛就是肌肉记忆，会知道怎样顺下去。现在的学生们给我的感觉是形式训练不足。这块没有捷径，不是仅知道道理就行，他们在这方面花的精力也少吧。

关于教。每个人的感应点和个性是不同的，学习在我看来是要找到自己最舒服的方式，发现最适合自己的思考问题的方法。就像读书如对谈那样。思考问题的方法就是解决问题的方法。我觉得这个道理有些教设计的老师可能还不明确，他们一味告诉学生们哪些设计是好的设计，但忘了去帮学生们发现自己爱怎么思考。他们要是不用自己擅长的方式去思考，热情维持不了多久。个人的感觉是有差别的，就像苏州厨师与四川厨师，基本上不能指望苏州厨师在辣味上超过四川厨师。

柯布式的空间情境

城市笔记人：您引出了两个我要追踪下去的话题: 空间序列里的"场景与桥段"（setting and episode），以及如何向柯布学习。

我先谈第一个话题。我去中德学院的时间都是白天，多是课上或办公时间，走廊里基本上没什么人。这时，这个建筑从内到外地跳出好多细节来——不一定是细部，我说的是空间的场景、氛围、情绪、故事。这跟一般的白盒子建筑里的感受不一样。在白盒子的空间里，建筑的局部基本是静态的、被动的，而这个建筑的好多地方是活跃的、诱人的。比如，沿着爱校路过来，我是侧向进入那片带有切口的墙体遮挡下的入口的，穿过了玻璃幕墙，进入了厅内，看到厅里悬浮着一个厚厚的夹层，其形状跟跟户外裙房钢琴曲线是相对的，而且，这户内户外的两个局部并不简单对接。户外裙房的墙，其实是悬挑出去的皮，在报告厅里，我们都可以看到侧墙那里是有天窗的。而大厅里的夹层们则成了在玻璃包裹下的实体。越往二层走，就越暗。熟悉柯布案例的人，大约会想到这大厅里的两个局部的交接很像柯布的那些人体绘画上的轮廓的交叠，哦，我甚至可以说，像是把哈佛卡彭特中心（Carpenter Center for the Visual Arts, Harvard University）两个器官般的局部夹着条斜向坡道给挤压过、模糊过之后的感觉。这其实是我从中德学院身上所感受的所谓"柯布式"的特点：您似乎不断地援引了柯布，又似乎都给抹平了。尤其是建筑里出现的很情绪化的东西，故意的明暗，故意的闭合，从底层到标准层走廊，到屋顶，上下都有着不同的情绪。

那这种被我所感知到的空间情绪色彩的变化，是在中德学院楼设计的哪个时间段上出现的呢？是设计一开始时，这种情绪化的空间塑造就是您立意的一部分？还是因为随着设计的细化，像您引入了诸如密肋梁板上的拱窗，曲面墙体，就会自然产生柯布式的空间桥段呢？当您设计这类带有情绪的小空间时，比如说那个有着椭圆洞口带有典型柯布式围合的屋顶花园时（我只隔着门望过，锁着的），都想了些什么？

定稿模型

这样的叙事方式，我看，在东莞的那个建筑（东莞理工大学计算机馆）身上也出现了，这算是庄慎一贯性的设计追求吗？于是，怎样将建筑里情绪化的空间桥段组织起来，也是一种"结构"话题吧？

庄慎：中德学院楼的"调性"（tonality）现在看来是比较阳光的。当时在做设计的时候，我至少还不是那么主观上精确地意识到这样的调性，到它建成之后才真正对上了号。当时最重要的是对其中几个重要公共空间的确定，因为那些空间对于大楼本身来说是决定性的场所；又构成了校园空间里的局部和细部。

在中德学院楼里，有两个这样的重要空间处理：一个是底层的开口和门厅这一块，另外一个就是顶层开了几层高大孔的那一块。这也是您在草模中可以看到的两个很明确开口的空间。这两个定调的空间形态基本是由校园关系得来的。

顶层的开口空间主要是从爱校路背面的行人角度去考虑的。当行人沿着校园中轴线在电气楼那里转向爱校路然后前行，中德学院楼能被看到的背面就是其扛出来的肩膀那一块。记得做这个开口设计时，我认为这个局部很重要，为此反复认真目测过它与校园的可能关系（当时没有习惯与条件进行模型研究呀），于是顶上那个开口架空空间就形成了。至于它其中的单柱与那个圆洞口，就是基于这个尺度与视线的关系所确定的细节了。大局定了，那些墙壁上，室外楼梯等的细部，就是深入到近身尺度去刻画时完成的事情。事实上，当时的工作就是像这样的次序。

这里还有一个细部：在屋顶花园那个椭圆洞口边上，我减掉了标准层靠南最外跨上的一根结构柱，留了靠北的一根。这样的改变对于结构来说是增添了很多麻烦，但对于建筑来说是必须的。因为在我看来，要被人感知到的是这个屋顶洞口下所形成的空间，而不仅是竖墙与折板的造型。这根单柱是实现这个效果的关键性元素。它是用来打破那个开口看似空无一物的空间，提示出那里有个"空间"的东西。但一旦是两根标准层结构柱同时出现的话，这个空间就会被分割掉，大家感知到的更多的是结构的逻辑。所以，这里的结构柱真就有着对于空间塑造的"提示性"与"分割性"的程度上的不同。我们再次看到，在中德学院楼的设计中，结构柱在承担受力的同时一定要起到对于空间形态的表现作用的。当然，就这么一个悄悄的动作，结构师又得折腾一番。

很明显，这样的空间处理在柯布建筑身上那些貌似清晰的建筑形式逻辑中（其实可以说在其他很多建筑中），比比皆是。空间是一种有迹可循的揭示。这个道理与那时候我对中国传统的认知事物方式的认识对了起来，让我对这类方法的认识重叠了。当时，我是很主动地去学习过的。以前，我们传统中称大匠及其工作时用到一个词为"离镂"，"离"通"丽"。这个词的本意是分离了的整体、整本。也就是在中国人看来，有一个整本、整体存在。但如何意识到它，感知到它呢？用分离它、破坏它的手段去感知，因为分离了，残缺了，才会让你意识到那个本来完整的东西。所以，分离、雕镂，那是一个手段，本身并非目的，目的是整体。大概是这个意思，思路有点反常合道的意思。我想当时，柯布式的形式逻辑的感知积累，跟对离合关系的理解重叠在一起，让我对这个细部很肯定。

另外一个重要的空间当然就是地面入口的那一段了。与屋顶花园的空间处理相似，我也对迈向爱校路的这个开口的各部分关系仔细研究过，目的是把校园道路、广场、室内大厅几者都融通起来。因为地方不算大，于是挑战就成了怎样利用开口把人们身处室内时的空间感知范围扩展到室外去，增大人们的空间感。因此，才选择了把室内外的界面做成通透的玻璃围合。对于室外来讲，要做到的则是让玻璃不算是强烈的界面，厅内的实体部分才是更强烈的界面。内部的实体由此决定。本来，玻璃大厅内都是开敞走廊，但为了形成室内外的联通感，弱化玻璃墙的隔断感，三四层的那块走廊被封成了实体，也就是您说的那个器官式的形态。因为不这样隔断的话，大厅的内部空间就向走廊内部蔓延，结成一体，与外部的关系就削弱了。同时，大厅的力度也不好。

搞定这两个关键空间之后，其他部分就是沿着这条整体逻辑的演变细化以及与整体的慢慢融合。楼下讲堂的大曲线墙板、室内的那个"器官"、玻璃墙、二层的楼板、靠近三者交界处的柱子，这几个东西在靠近交接的那块地方是有点复杂。但根据整体之间相互关系清晰化的逻辑，只要多画些各向局部轴测就可以确定细部。另外关于楼上密肋梁的处理，首先，这是由于先确定了房间朝向而引起的。当房间最终被设计成为锯齿形状时，室内走廊空间的流畅感与整体感就需要烘托出来。密肋的好处在于上部梁间的通透，走廊与房间就融合了。这个整体性的感觉就成了强势一点的因素，脱离出来的折齿墙变得独立，成为明显的围隔，在整体里也就弱了一些。仿佛房间单元是一个个插到空间里似的。

这个大楼如果感觉到有情绪的话，应该更偏向于那些"桥段"本身的作用居多。当时，我很情境化地有意设想过的地方主要就是那个入口的开口部分。我设想了人在里面活动的场景、光线等等感觉。但大部分形态是从空间本身的逻辑组织操作的。这与东莞计算机系馆楼不太相同。当时，东莞的那个计算机系的室外空间整个是一个与那个房子功能秉性完全错位的城市叙事设想，统统是文本式的，场景式的，而中德学院楼，我想应该不是这样的做法。

中德学院楼基本没有很主观色彩的叙事文本。它的情境设想是手段式的，是基于对基本的公共人群感知的理解。形式空间本身的关系逻辑最后形成了那个样子。作为建筑师，我一直是用"那个东西弄成那样的结果，有那样的感觉，到底用的是什么具体方法与手段呢？"的这种态度去学习积累的。我觉得中德学院楼能成为"那样子"与这个思考有关。在那之前，我还没有机会出国去看那些图上揣摩已久的房子，因此，对于形式空间的逻辑方式，通过图纸文本是慢慢积累与自觉理解的。但对于另外一件事，调性的多样与自由度，那时候还没有自觉地意识到，直到后来看到那些真实的房子有了与我想象的印证。于是中德就成了现在白白的样子，明亮年轻，现在想来，好在也是那样简单处理了，要不然凭我那时没有多少的控制经验，很危险的。

关于情境与柯布的话题，把这两者联系在一起聊的话，我觉得是很有意趣的。像情境这样的说法，很大程度上是让空间告别抽象模式的描述，有情境的空间可能是叙事性的，也可能只是有调性的。我2001年去看柯布的拉图雷特修道院时，之前，就看过一篇矶崎新写拉图雷特的文章。在矶崎新的眼里，这个修道院的空间被感知到的情境仿佛似"性欲的海洋"。我对此觉得很好奇。到了现场一看，有两件事，对我的观念产生了很大的冲击，一是知道了调性的意义，二是知道了细部的作用。对于空间、组成什么的，那个修道院在我想象中早已不陌生，所以反而并没有太大的意外。首先，是室内空间的印象，古典光源的处理方法，单光源，同一空间就有明亮与幽暗不同的地方，粗质喷涂墙，光线弥散开来，感觉空气有厚度。暗的空间，成为一种基调（我到后来也一直觉得，要学习对暗的控制，拉图雷特是个极好的案例）。其次是细部，在不同的地方到处都有人工的痕迹、梁柱结构浇注的痕迹，门窗的的制作细部，涂抹的努力保持整齐的交接等等。

在我读柯布的图与文本时期，觉得柯布是个革新的代表。对他的年代来说，柯布就是前卫与创新，抛弃了旧有的东西，他的建筑语言是全新的，这是当时柯布给我的印象。而真实情况是，柯布房子里的那些手工劳作的痕迹，非工业化的制作细部，是这些全新的建筑形式与空间的重要组成部分，对结果绝不单纯是丰富的作用，更不是"革命"不彻底，形式不纯粹，而是让强烈的形式脱离了凶猛，这样，才让人感觉到更有力量。

此类方式在柯布等大师的房子中常会出现。细部的调和作用就仿佛是中药里的讲究各味药的君臣佐使的作用，不会一味突出主药，那样太霸道，太不利。同时，我猜想这样的处理对于柯布来说是件简单接受的事情而已，这只是处理实际构造与施工需要，所以这里有种有经验的建筑师的对事物的放松态度。另外一件事是关于那个暗的思考，它打破了我关于简单机械的现代式的认识，知道了什么叫具体化空间，什么叫建筑方法的自由度（因为柯布采用了古典光方式）。这个修道院的暗部与手劳作痕迹在形式基础上精确了调性，也使建筑的空间具体化了，情境化了。矶崎新在此基础上有了那样的个人体会，他的说法很有叙事性的意味，而我则感到了其中的调性。

因此，我们今天也可以很清楚地看到中德学院楼的问题，如果说中德学院楼真的很有柯布形式痕迹的话，那么，我们也可以看到对于调性与细部在建筑中作用的自觉认识，在当时的我，还没有注意到。倒不是说不然的话，那个房子可以更柯布（因为像不像

楼梯踏步的透，以及栏板与二层的弧面玻璃砖墙关系，从属于某种整体性的考虑

大厅里通往二层的那部直跑楼梯

柯布的手笔，真不是当时设计所关心的点），而是说那个房子的调性还可以更内敛一些。

细部与施工

城市笔记人： 我还想问您最后两个重要问题。看得出来，中德学院楼里的细部设计是花了些心思的。材料未必怎么贵重，但是经过了设计师挑选和组合的。比如，大厅里的那部斜楼梯。落地之前有平台，平台的护栏是黑色钢板，类似坐席，宽阔的踏步是木质的，一侧的栏板是实的，扶手是黑色理石贴面，另一侧的栏板是玻璃的，扶手则是不锈钢。上楼的过程中，就可以看到一道玻璃砖的弧面墙……我想，作为一个设计团队，你们当时设计这些非标准化的细部时，原则是什么？

第二，这个大楼已经被用了十多年，现在去看，基本用住了，没有像许多新建筑那样，拍完照片，就开始江河日下地掉灰漏雨。是怎样的机制，在施工这个最为关键的环节中保证了建筑的质量？为什么如今反而无法那么乐观呢？

庄慎： 您说到的这些细部，我想，当时设计时很大程度上将之作为整体性的延伸，对它们的取舍是放在整体关系中考虑的。

比如，入口大厅中二层的实体栏板，在直跑楼梯的上空是单面布置的，而另外一面是透明的玻璃栏板。因为这里实体栏板不仅起围护作用，也参与塑造形式体量与空间的关系：对大厅来说，要的是参与形成那个"器官"的体积感，形式逻辑上就不宜在另外一侧再同样做实体栏板了；另外对于空间关系而言，二层的这道实体栏板要起到在大空间中再形成更为细致一级的空间领域限定的作用，把二层的公共空间划分出电梯等候区与会议休息区。这个细部带来的结果还包括直跑楼梯的北侧有开放感，与走廊空间融合在一起。另外有意思的是，由于结合了在楼板上挖开的洞口，二层的栏板实体化，是要塑造从大厅里挑空出来的实体外侧转到楼梯洞口，然后进入实体内部的那种过程。

其他的细部也依照着相似的设计原则。我在做细部时肯定是考虑对于更大整体的效果、感知上它们所起到的作用以及作用的大小而定的。比如，室外空调机下水管的建筑凹槽，土建时是仔细预留并与周围形式整合好的；室内直跑楼梯的首步休息平台的细部，是考虑到这个位置对靠里的楼梯的提示以及缓冲需要；直跑楼梯实体栏板内测涂成浅灰色是考虑到耐脏的需要；实体栏板的压顶黑色花岗岩也有这样的考虑；同时这个压面与地面的石材颜色与光泽是一起考虑的；二楼的玻璃砖内部是贵宾休息室，该房间没有直接采光，所以做了半透明的玻璃砖墙；关于楼上楼下的铺地划分，用现在这个水平宽窄变化、错缝铺贴的样子，当时也是因为楼的公共空间很多地方轴线体系是平行四边形，走廊的宽窄一直在变化。类似的由先决条件形成的细部处理还包括在标准层走廊中的灯具布置。由于采用了密肋楼板暴露的作法，布置灯光时，就不能采用会破坏简单体积感的常见吸顶作法，而采用了在每个密肋腔的一头布置侧向射灯的作法，就是想打亮每个腔壁，让它像是在发光一般。

关于建筑细部构造会有很多可理解的层面。在我看来，其中之一就是在感知上，要看它是否能融合在整体中，形成促成或者调节整体感的一部分，并非一定看形式是否突出或本身与否奇思才采用。好的细部控制都是自由合理的。柯布的细部仍然是个好例子。他有很多著名经典的作法。我们熟知的窗间柱处理啦，雨水口处理啦，喷浆的颗粒度啦等等。实地去看他的作品，我们可以看到他的房子里面随处都是顺势而做的细部。我记得拉图雷特修道院里有一道门，靠近把手处有一大团黑色油漆。那是因为门把手附近容易弄脏，他就这么处理的，处理得十分放松，类似他油画风格里的"熊猫眼"，看得人忍俊不禁。在那之前我做中德学院楼时也想到过门边容易脏，做过涂灰处理。跟柯布的细部一比较，才体验到老法师把握火候的松紧度，那叫一个好。

中德学院楼的施工质量在某种程度上肯定比现在的一些建筑效果要好。它在当时应还属于正常吧。当时，在同济校园里施工的施工队都还可以，其实像逸夫楼等建筑的施工质量比中德学院楼好很多。现在回想起来，当时值得一说的是各方（设计方、使用方、施工方）对待这事的态度是一种正常的职业态度。之所以说正常呢，是因为并没有哪方把这事看得有多严重，但都认认真真，兢兢业业，该怎么做就怎么做。心态很正常，设计费、施工利润，我估计与现在比都差很远。施工队有时也会觉得有的东西不好做，难弄，抱怨两句，但也都尽量按图做了。当时，有个比我们年纪还小些的管施工技术的年轻人，很负责，有什么就与你确认一下。我们的配合次数与难度也很正常。反正比起现在我有时亲自出马去现场配合，累得半死还没有好结果的情况好了很多。如今，很多人的心态不同了，达不到一个正常的职业态度。按我这些年的经验看来，房子盖到中德学院楼那个样子要求并不高，各方的态度保持正常就行了，根本不一定需要达到优秀。现在，有时候大家包括我们觉得房子好难盖，施工真有学问，配合是门艺术，只能说因为有时候有的方面连正常的职业态度都没达到。这是令人感慨的现实。

当然，作为一栋校园里的建筑，中德学院楼一直保养得不错，另外，这也部分地因为它材质简单，比较好保养，涂料、玻璃、石材、面砖、铁面，都好打扫。

我后来用过很多新材料、新作法。体会是，这类东西在我们国内，在建筑总体中的衔接度、施工安装的体系化、使用维护上的支持度都还勉强的条件下，对于那些高精度的感觉与要求，容易出现掉链子的情况。如果建筑师还不甚熟悉这些新材料和作法，好么，控制风险就来了，我也常常碰到这样的情况。就像俗话说的，还是起个贱名好养啊。

城市笔记人： 说着说着就感慨起来了呵？这样吧，这个有关施工的话题，我们改天再深聊。我这里想就着您的话茬把柯布再按回去。比起柯布弟子们那些对于柯布的效仿之作，中德学院楼里的柯布身影至多也是隐含的，次要的。不仔细看，真还好难辨识。它是否够柯布式？也许并不重要。那就是青年庄慎在找寻自己对于建筑理解时的一个站点。您也提到了，您在柯布那里越来越关心的东西反而是他的思考路径以及人生历程。

中德学院楼就在那里，被大家用了十多年，看了十多年。我们今天在这里聊中德学院楼，目的并非一定要夸它如何了不起，而是希望通过这样的回望，听您给我们讲述一下当年的工作状态与思想历程。相信这样的回望于您、于他人，都是有益的。

再次感谢您的坦诚解答，并祝愿未来的庄慎继续有真诚的作品问世。

庄慎： 谢谢。

（本文原载于《建筑师》第 168 期，2014 年 4 月）

1

2

1. 大厅内景
2. 某办公室内景
3. 多功能会议厅侧缘的光与厅内的暗，正好与大厅里的虚实关系进行了对调
4. 走廊内的亮以及密肋梁板下的通透感

项目简介

嘉定新城实验幼儿园

地点：上海市嘉定新城

功能：教育

面积：6600 平方米

建成时间：2010.01

建筑师：大舍建筑设计事务所／柳亦春，陈屹峰

设计团队：陈屹峰，柳亦春，王舒轶，刘谦，高林

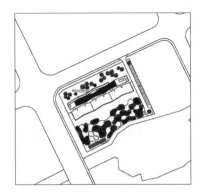

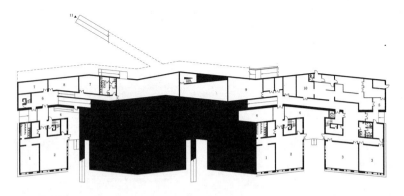

−1.000 标高平面

1 卧室　2 活动室　3 专用活动室　4 种植庭院　5 庭院　6 门厅　7 办公　8 会议接待　9 总务仓库　10 教工餐厅　11 主入口

一层平面

1 活动室　2 卧室　3 早教指导活动室　4 专用活动室　5 种植庭院　6 庭院　7 门厅　8 办公　9 会议接待　10 总务仓库　11 教工餐厅　12 中庭　13 主入口

二层平面

1 活动室　2 卧室　3 大活动室　4 走廊　5 中庭　6 图书资料　7 教师办公　8 保健室　9 教玩具陈列　10 室外活动平台　11 屋面　12 庭院上空

三层平面

1 卧室　2 活动室　3 专用活动室　4 走廊　5 中庭　6 庭院　7 室外活动平台　8 屋面　9 中庭上空　10 庭院上空

青浦青少年活动中心

地点：上海市青浦区

功能：休闲／教育

面积：14360 平方米

建成时间：2012.03

建筑师：大舍建筑设计事务所／柳亦春，陈屹峰

设计团队：柳亦春，陈屹峰，高林，刘谦，王龙海

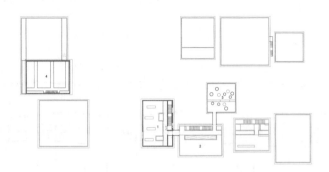

屋顶平面

1 屋顶花园　2 屋顶庭院　3 屋顶平台　4 剧场上空

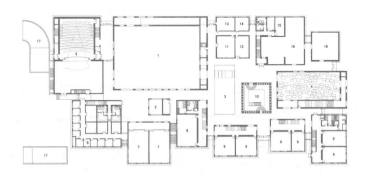

一层平面

1 大庭院　2 小庭院　3 水院　4 花园　5 剧场　6 琴房　7 舞蹈房　8 音乐排练房　9 教室　10 图书室　11 接待　12 总务

13 消防控制室　14 机房　15 保健　16 展览　17 地下车库坡道

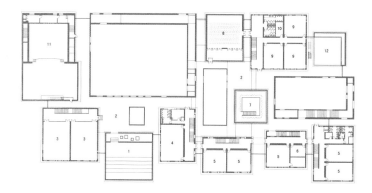

二层平面

1 露天剧场　2 室外平台　3 舞蹈房　4 音乐排练房　5 教室　6 准备室　7 图书室　8 大会议室　9 办公室　10 储藏室
11 剧场上空　12 展厅上空

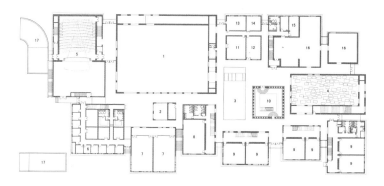

三层平面

1 屋顶花园　2 教室　3 办公室　4 录音室　5 档案室　6 会议室　7 剧场上空　8 图书室上空

安亭镇文体活动中心

地点：上海市嘉定区安亭镇

功能：休闲／娱乐

面积：16171 平方米

建成时间：2010.12

建筑师：致正建筑工作室／张斌，周蔚

设计团队：王佳绮、陆均、李莹、李沁、庄昇、郭钥

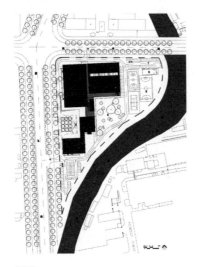

总平面

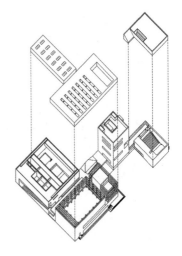

轴测

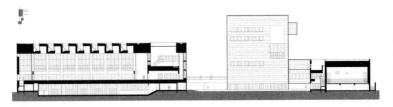

剖面

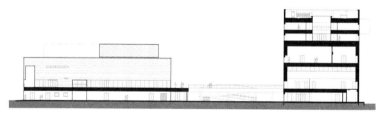

剖面

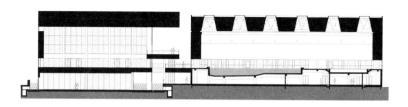

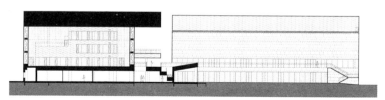

剖面

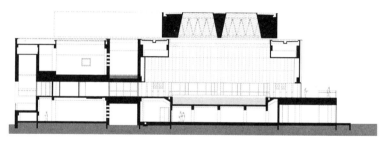

剖面

上海国际汽车城东方瑞仕幼儿园

地点：上海市嘉定区安亭镇博园路以北，安研路以西
功能：教育
面积：6342 平方米
建成时间：2013.08
建筑师：致正建筑工作室／张斌，周蔚
设计团队：袁怡、孟昊、李姿娜、王佳绮

地点

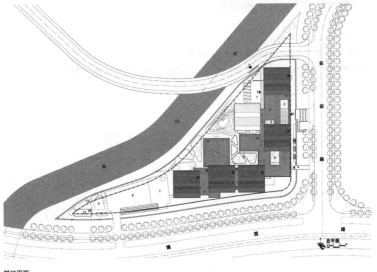

基地平面

一层平面

二层平面

桂香小筑

地点：上海市嘉定新城
功能：公共厕所
面积：100 平方米
建成时间：2012.11
建筑师：博风建筑设计咨询公司／王方戟，伍敬
设计团队：王方戟，伍敬，何如，肖潇，殷蔚，李鹏

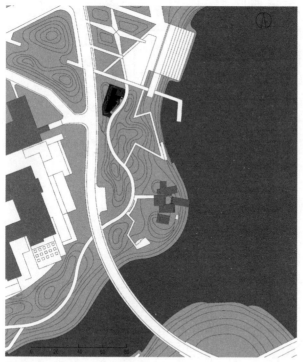

基地平面

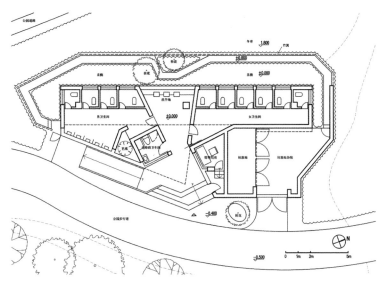

平面

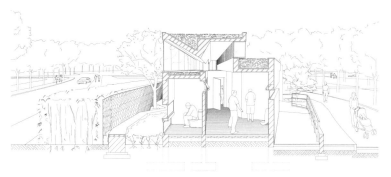

剖透视

朱家角人文艺术馆

地点：上海市青浦区朱家角镇

功能：美术馆

面积：1818 平方米

建成时间：2010

建筑师：山水秀建筑事务所 / 祝晓峰

设计团队：李启同、许磊、董之平、张昊

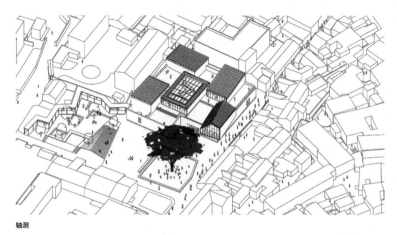

轴测

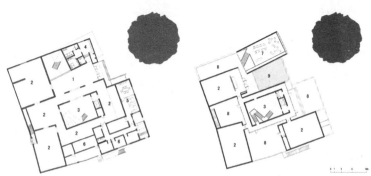

轴测

1 门厅 2 展厅 3 中庭 4 存职 5 管理办公 6 设备用房 7 咖啡厅 8 庭院 9 水院

东立面

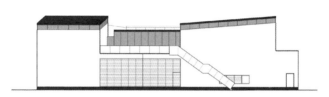

南立面

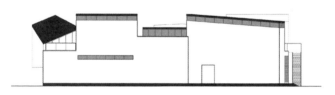

西立面

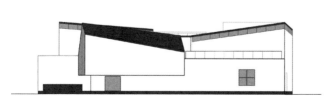

北立面

华鑫展示中心

地点：上海市徐汇区
功能：展示中心
面积：730 平方米
建成时间：2013
建筑师：山水秀建筑事务所 / 祝晓峰
设计团队：祝晓峰，丁鹏华，蔡勉，杨宏，李浩然，杜士刚

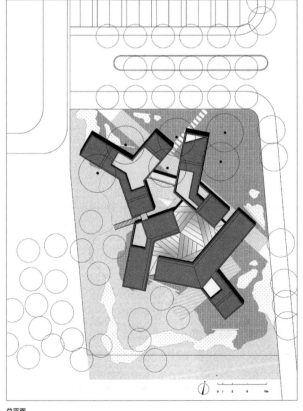

总平面

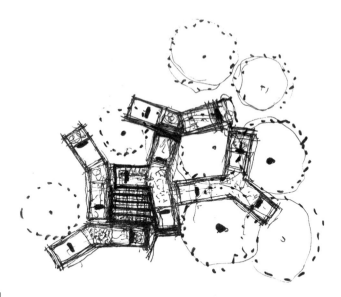

草图

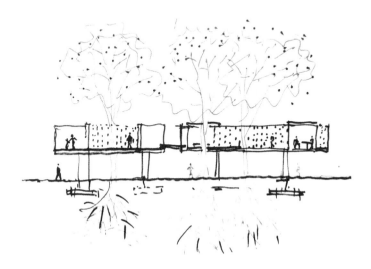

草图

黎里

地点：江苏省黎里镇
功能：居住 / 文化
面积：200 平方米
建成时间：2012.07
建筑师：阿科米星建筑设计事务所 / 庄慎 任皓 唐煜 朱捷
设计团队：庄慎 田丹妮 杨云樵

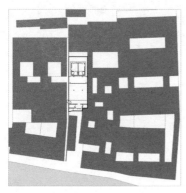

总平面

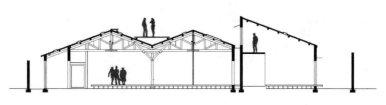

剖面

双栖斋

地点：苏州东山陆巷镇
功能：聚会休憩
面积：56 平方米
建成时间：2012.05
建筑师：阿科米星建筑设计事务所 / 庄慎 任皓 唐煜 朱捷
设计团队：庄慎 田丹妮

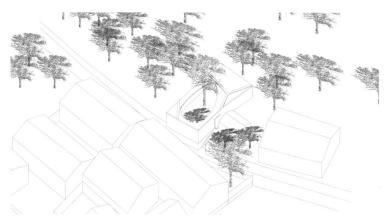

轴侧

剖面

中德学院

地点：上海市杨浦区
功能：教育
面积：12545 平方米
建成时间：2002.08
建筑师：庄慎 胡茸

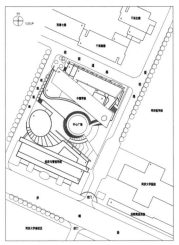

总平面

轴测

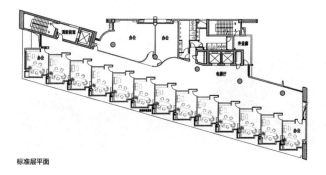

标准层平面

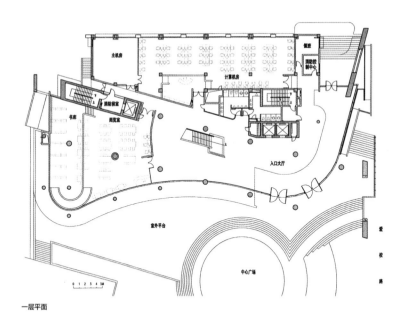

一层平面

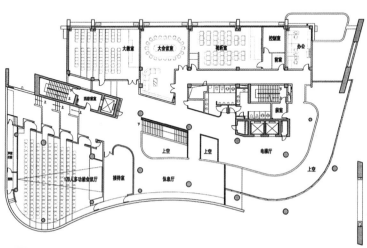

二层平面

柳亦春

1969 出生于山东省海阳县

1991 毕业于上海同济大学，获建筑学学士学位

1991~1994 就职于广州市设计院，任职助理建筑师

1997 获同济大学建筑与城市规划学院建筑学硕士学位

1997~2000 就职于同济大学建筑设计研究院，任职建筑师、主任建筑师

2001 与庄慎、陈屹峰共同成立上海大舍建筑设计事务所；

至今任职上海大舍建筑设计事务所执行合伙人、主持建筑师

2012 同济大学建筑与城市规划学院客座教授

2014 东南大学建筑学院客座教授；《建筑师》杂志编委

主要作品

1996~1997
广东阳江海韵居（合作设计：张屹、史磊）

1997~1999
上海春申城四季苑住宅区
（合作设计：王仲谷、周建峰）

1999
北京钓鱼台国宾馆芳菲苑
（合作设计：庄慎、曾群）

2002~2004
东莞理工学院电子系馆
（合作设计：庄慎、陈屹峰）

2005~2013
上海朱家角尚都里南 2 号地块
（合作设计：庄慎、陈屹峰）

2006
上海青浦甜甜幼儿园

2007
杭州西溪湿地艺术村 E 地块酒店

2008
上海嘉定岳敏君工作室及住宅

2009~2012
上海青浦青少年活动中心（合作设计：陈屹峰）

2009
上海嘉定大裕艺术村

2010~2011
上海嘉定螺旋艺廊 I（合作设计：陈屹峰）

2010~2015
上海嘉定桃李园中学（合作设计：陈屹峰）

2011~2014
雅昌（上海）艺术中心丁乙楼（合作设计：丁乙）；
上海龙美术馆西岸馆

2012~2014
上海西岸江边餐厅

2012
上海龙华寺综合改造项目
上海华发中学

2013
上海日晖港步行桥（合作设计：大野博史）

2014-2015
上海西岸艺术中心

获奖

1996
台湾财团法人洪四川文教基金会建筑优秀人才奖

2000

建设部城市住宅建设优秀试点小区
"建筑设计"金牌奖

2008

与庄慎、陈屹峰共同获"中国建筑传媒奖"
青年建筑师（团队）入围奖

2006

WA 中国建筑奖优胜奖
美国商业周刊／建筑实录评选的最佳商用建筑奖

2009

美国商业周刊／建筑实录评选的最佳商用建筑奖

2010

法国 AS Studio"中国新锐建筑创作奖"

2011

与陈屹峰共同主持的大舍建筑设计事务所被美
国建筑师协会会刊《建筑实录》评选为年度全
球 10 大"设计先锋"

2012

2012WA 建筑奖入围奖

2014

香港 DFA"亚洲最具影响力设计大奖"银奖；
英国 AR Emerging Awards 年度建筑奖第二名；
WA 中国建筑奖的城市贡献奖佳作奖

2015

伦敦设计博物馆的 2015 年度设计奖提名

参展

2002

"都市营造"上海双年展

2003

"那么，中国呢？"
法国巴黎蓬皮杜中心当代中国艺术展
"建与筑"德国杜塞多夫当代中国建筑展

2004

"东南西北"法国波尔多 arc en reve 画廊建筑展
"状态"当代中国青年建筑师作品 8 人展，
北京中华世纪坛

2005

"城市，开门"深圳城市／建筑双年展，
深圳 OCAT 艺术中心

2006

"当代中国"建筑与艺术展 荷兰建筑学院 (NAI)
鹿特丹

2008

"创意中国"当代中国设计展，伦敦 V&A 博物馆；
"建筑乌托邦"中国新锐建筑事务所设计展，
布鲁塞尔 CIVA 建筑与都市中心
"位置"中国新生代建筑师肖像，巴黎夏佑宫法
国国家建筑与遗产之城博物馆

2009

中国当代建筑展，西班牙加的斯建筑学院

2010

中国当代建筑展，布拉格捷克技术大学建筑学院

2011

"物我之境：田园／城市／建筑"成都双年展，
成都工业文明博物馆
"城市创造"深圳·香港城市／建筑双城双年展
布拉格捷克技术大学建筑学院中国当代建筑展
米兰三年展

2012

东京代官山 Hillside Forum 中日韩"书·筑"展

2013

维也纳 MAK"Eastern Promises"
当代东亚建筑与空间实践展
上海西岸双年展
大舍个展"即物即境"，哥伦比亚大学北京建筑中心

2014

"Adaptation(应变)"，威尼斯双年展外围展
日本建筑学会 AND 结构模型中国展，
同济大学建筑与城市规划学院
空间装置"山水万卷"，博罗那上海当代艺术展

2015

伦敦设计博物馆 2015 年度设计奖提名作品展
空间装置"白色城堡"，阅读未来千书世界空
间创意展
"纽约·北京·纽约——2015 当代中国建筑展"，
美国 AIA 纽约建筑中心

陈屹峰

1972 出生于江苏省昆山市
1995 毕业于同济大学建筑系，获建筑学学士学位
1998 获同济大学建筑系建筑学硕士学位
1998~2000 就职于同济大学建筑设计研究院，任建筑师
2001 与柳亦春、庄慎共同成立大舍建筑设计事务所；
至今任大舍建筑设计事务所执行合伙人、主持建筑师

主要作品

1999~2000
上海市松江区图书馆
上海市松江青少年活动中心

2002~2004
东莞理工学院文科楼

2003~2005
上海夏雨幼儿园（合作设计：柳亦春）

2004~2005
上海朱家角海事所

2006~2008
江苏软件园吉山基地 6 号地块
（合作设计：柳亦春）
江苏软件园吉山基地 7 号地块

2007~2008
江苏软件园吉山基地茶室

2008~2009
上海嘉定新城燃气管理站

2008~2010
上海嘉定新城幼儿园

2009~2015
上海安亭国际汽车城科技创新港 D 地块
（合作设计：柳亦春）

2010~2011
上海嘉定螺旋艺廊 II（合作设计：柳亦春）

2011~2014
上海嘉定桃李园学校小学部（合作设计：柳亦春）

2011
上海凌云社区公共服务中心

2012
上海魄力传媒办公中心

2013~
华鑫置业会议中心
上海江桥北社区邻里中心

2014~
壹基金援建雅安新场乡中心幼儿园
云阳滨江绿道游客服务中心

获奖

2001
第二届上海国际建筑设计展青年建筑师佳作奖

2005
建设部 2005 年度优秀建筑建筑设计奖二等奖

2006
WA 中国建筑奖优胜奖
美国《商业周刊》/《建筑实录》评选的
最佳商用建筑奖

2008
与柳亦春、庄慎同获"中国建筑传媒奖"
青年建筑师（团队）入围奖

2009

美国《商业周刊》/《建筑实录》评选的
最佳商用建筑奖

2010

WA 中国建筑奖佳作奖；
法国 AS Studio 评选的"中国新锐建筑创作奖"
第七届台湾远东建筑奖佳作奖

2011

与柳亦春共同主持的大舍建筑设计事务所被美
国建筑师协会会刊《建筑实录》评选为年度全
球 10 大"设计先锋"

参展

2002

"都市营造"上海双年展，上海美术馆

2003

"那么，中国呢？"当代中国艺术展，
法国巴黎蓬皮杜中心
"建与筑"德国杜塞多夫当代中国建筑展

2004

"东南西北"建筑展，
法国波尔多 arc en reve 画廊
"状态"当代中国青年建筑师作品 8 人展，
北京中华世纪坛

2005

"城市，开门"首届深圳城市 / 建筑双年展，
深圳 OCAT 艺术中心

2006

"当代中国"建筑与艺术展，
荷兰建筑学院 (NAI) 鹿特丹

2008

"创意中国"当代中国设计展，伦敦 V&A 博物馆；
"建筑乌托邦"中国新锐建筑事务所设计展，
布鲁塞尔 CIVA 建筑与都市中心
"位置"中国新生代建筑师肖像，

巴黎夏佑宫法国国家建筑与遗产之城博物馆

2009

中国当代建筑展，西班牙加的斯建筑学院

2010

中国新锐建筑展，第十二届威尼斯建筑双年展
平行展，威尼斯 CA'ASI 艺术馆

2011

"物我之境：田园 / 城市 / 建筑"
成都双年展，成都工业文明博物馆
"城市创造"深圳·香港城市 / 建筑双城双年展，
深圳 OCAT 艺术中心
中国当代建筑展，布拉格捷克技术大学建筑学院

2012

"从北京到伦敦"中国当代建筑展，伦敦建筑中心
"生活演习"2012 建筑空间艺术展，
上海当代艺术馆
米兰三年展，米兰三年展设计博物馆
中日韩"书·筑"展，东京代官山 Hillside Forum

2013

"东方的承诺"当代东亚建筑与空间实践展，
奥地利工艺美术博物馆
"进程"西岸 2013 建筑与当代艺术双年展，
上海徐汇滨江
"即物即境"大舍个展，
哥伦比亚大学北京建筑中心

2015

"纽约·北京·纽约——2015 当代中国建筑展"，
美国 AIA 纽约建筑中心

张斌

1968 出生于上海
1987~1995 同济大学建筑与城市规划学院 建筑学 学士 硕士
1995~2002 同济大学建筑与城市规划学院 助教 讲师
1999~2000 中法文化交流项目《150 位中国建筑师在法国》法国巴黎 Paris-Villemin 建筑学院
进修，法国 Architecture Studio 事务所访问建筑师
2001《时代建筑》专栏主持人
2002 致正建筑工作室主持建筑师
2004 同济大学建筑与城市规划学院 客座评委
2012 同济大学建筑与城市规划学院 客座教授

主要作品

2001~2004
同济大学建筑与城市规划学院 C 楼
2002~2006
嘉兴市体育中心一期工程主体育场
2004~2006
同济大学中法中心
2004~2012
东莞广播电视中心
2006~2009
新江湾城中福会幼儿园
2006~2010
上海青浦练塘镇政府办公楼
2008~2012
上海文化信息产业园 B1 地块十院书屋
2009~2012
上海文化信息产业园 A 地块
2007~2010
上海嘉定区安亭镇文体活动中心
2008~2010
徐汇滨江世博配套工程动迁还产办公楼

2009~2014
同济大学浙江学院图书馆
2009~2012
嘉定新城远香湖憩荫轩茶室
嘉定新城远香湖探香阁餐厅
嘉定新城远香湖叠翠山庄餐厅
2009~
上海国际汽车城汽车研发科技港 C 地块 / 在建
2009~2013
上海朱家角镇农贸市场
2010~2013
绿洲投资控股集团总部大厦
2010~
嘉宝集团总部大厦 / 在建
2011~2013
上海国际汽车城东方瑞仕幼儿园
2011~2014
青浦新城崧泽路初中
松鹤墓园业务接待中心
2011~
浦江镇江柳路 (中福会浦江) 幼儿园 / 在建
2012~
聚鑫滨江大厦 / 在建

获奖

2004
WA 中国建筑奖佳作奖
同济大学建筑与城市规划学院 C 楼

2006
第四届中国建筑学会建筑创作奖佳作奖
同济大学建筑与城市规划学院 C 楼
第六届中国建筑学会青年建筑师奖
第一届上海市建筑学会建筑创作奖佳作奖
同济大学建筑与城市规划学院 C 楼
第一届上海市建筑学会建筑创作奖佳作奖
同济大学中法中心

2008
第二届《商业周刊》/《建筑实录》中国建筑奖
最佳公共建筑 同济大学中法中心
第五届中国建筑学会建筑创作奖佳作奖
同济大学中法中心

2009
2009 年度教育部优秀勘查设计建筑工程设计
一等奖 同济大学中法中心

2011
第四届上海市建筑学会建筑设计创作奖佳作奖
安亭镇文体活动中心
第六届中国建筑学会建筑创作奖佳作奖
安亭镇文体活动中心

2013
2013 上海市优秀勘察设计建筑工程二等奖
新江湾城建设公建配套幼儿园（中福会幼儿园）
2013 教育部优秀勘查设计公建三等奖
安亭镇文体活动中心
2013 中国勘察设计协会行业奖公建一等奖
新江湾城建设公建配套幼儿园（中福会幼儿园）
第五届上海市建筑学会建筑创作奖佳作奖
同济大学浙江学院图书馆

展览

2006
黄盒子·青浦，中国空间里的当代艺术
上海青浦小西门

2007
40 位小于 40 岁的华人建筑设计师作品展
上海中泰 Z58

2008
建筑乌托邦 2，中国新锐建筑师作品展
比利时布鲁塞尔 CIVA 国际建筑与都市中心
法国巴黎建筑与文化遗产之城 /
法国建筑学会状态，中国新生代建筑师

2009
德国法兰克福德国建筑博物馆 /
中国新闻出版总署
当代中国建筑图片展

2010
第十二届威尼斯建筑双年展中国馆 /
中国对外文化集团公司

2012
香港九龙公园 / 香港建筑师学会、
香港规划师学会、香港设计师协会
2011 香港·深圳城市 \ 建筑双城双年展
米兰三年展馆 / 意大利帕维亚大学
《从研究到设计》建筑师作品展
上海当代艺术馆 / arch!choke 文化传播机构
生活演习 2012 建筑空间艺术展
深圳市民中心、莲花山公园、关山月美术馆 /
中华人民共和国文化部、深圳市人民政府
中国设计大展

2013
中国勘察设计协会建筑设计分会、山东省勘察
设计协会、《城市·环境·设计》(UED) 杂志社
当代中国建筑艺术展
ARCH!CHOKE 亚砌文化
蜃景：当代中国博物馆建筑的十二种呈现
同济大学、中国美术学院、上海西岸开发（集团）
有限公司 上海当代艺术博物馆
西岸建筑与当代艺术双年展

王方戟

1968 出生于上海

1986~1990 建筑学 工学士 重庆建筑与工程学院

1990~1993 建筑学 工学硕士 同济大学

1993~1997 建筑学 工学博士 同济大学

1997~ 在同济大学建筑与城市规划学院任教

2000~《时代建筑》杂志兼职编辑

2004~《世界建筑》杂志编委

2004~2006 南京大学建筑学院，研究生建筑设计课，客座教授

2007~ 与伍敬创立上海博风建筑设计咨询有限公司，主持建筑师

2010/12~ 同济大学，建筑系，教授

2013~《建筑师》杂志特邀学术主持；《西部人居环境学刊》杂志通讯编委

2014/10 学术总监 + 领队讲师，深圳有方空间西扎与葡萄牙当代建筑旅行

2007~ 在《时代建筑》、《建筑学报》、《建筑师》、《西部人居环境学刊》、《室内设计师》、《室内设计》、《世界建筑》、《a+u》、《domus 国际中文版》、《南方建筑》、《新建筑》、日本建筑学会《建筑雑誌》等杂志发表多篇建筑设计相关论文

2001~ 在东南大学、南京大学、华南理工大学、重庆大学、香港中文大学、厦门大学、中国美术 学院、天津大学、广州美术学院、常州工学院、武汉大学、澳大利亚新南威尔士大学、意大利特仑多大学、西班牙格拉那达建筑学院、西班牙卡的斯建筑师协会、深圳市有方空间文化发展有限公司

2009 深圳·香港城市建筑双城双年展举办专业讲座

主要作品

2003/07~2004/03
同济大学建筑与城市规划学院 B 楼设计教室
室内改造
2007/05~2008/10
舟山市机关新城幼儿园
2008~2009
嘉兴丽豪制衣有限公司厂房设计及办公楼
室内设计
2009
上海武康路重点部位综合整治

2009~2010
上海复兴大厦立面改造
2009~2011
大顺屋，嘉定新城远香湖公园服务建筑 A，
综合服务建筑
带带屋，嘉定新城远香湖公园服务建筑 F, 餐厅
2009~2012
桂香小筑，嘉定新城远香湖公园服务建筑 I，
公共厕所及垃圾收集站
2013
上海西岸 2013 建筑与当代艺术双年展，瓷堂，
合作者：曾群

2011~2013
瑞昌石化办公北楼

展览

2011
物色·绵延：2011 成都双年展——物我之境：国际建筑展
"都市微田园"，合作：周伊幸
2012/02
2011-2012 深圳香港城市＼建筑双城双年展
香港九龙公园
2012/09
2012 米兰三年展——《从研究到设计》建筑师作品展
米兰三年展馆
2013
西岸 2013 建筑与当代艺术双年展
上海徐汇滨江

祝晓峰

1972 出生于上海

1989~1994 建筑学 工学士 深圳大学

1994~1997 助理工程师 深圳大学建筑设计研究院

1996~1997 本科一年级设计课导师 深圳大学建筑学院

1997~1999 建筑学 硕士 哈佛大学

1998 设计研究室导师 波士顿建筑学中心

1999~2004 助理总监 KPF 建筑事务所

2004 创办人 设计总监 山水秀建筑设计顾问有限公司；

主题设计工作室导师 深圳大学建筑学院

2012 客座教授 实验班设计工作室导师 同济大学建筑与城市规划学院

主要作品

2004~2005
上海青浦青松外苑

2004~2007
上海万科假日风景社区中心

2005~2007
上海晨兴国际广场

2007~2009
连云港大沙湾海滨浴场

2008~2010
上海朱家角人文艺术馆

2009~2010
上海嘉定金陶村村民活动室

2007~2011
上海朱家角胜利街居委会和老人日托站

2009~2011
上海东来书店·

2012~2013
上海华鑫中心

2012~2015
华东师范大学附属双语幼儿园 / 在建
苏州涵碧书院

获奖

1999
广东省优秀工程设计 二等奖
深圳大学学生活动中心

2008
Perspective 40 under 40 奖
亚洲 40 位 40 岁以下的新锐设计师

2011
UED 博物馆建筑设计奖 优胜奖
朱家角人文艺术馆

2012
WA 中国建筑奖 入围作品
朱家角人文艺术馆
第三届中国建筑传媒奖 青年建筑师奖入围奖

2013
上海市优秀工程设计奖
朱家角人文艺术馆

2014
远东建筑奖 佳作奖 华鑫中心
Architizer A+ 建筑奖评委会奖 世界最佳低层办公
华鑫中心；
WA 中国建筑奖 技术进步奖佳作奖 华鑫中心

展览

2006

China Contemporary Architecture

中国当代建筑展

荷兰建筑研究院 (NAI) 荷兰鹿特丹

2008

ARCHITopia CIVA 比利时布鲁塞尔

Victoria and Albert Museum (V&A) 英国伦敦

China Design Now

东京 里斯本 巴塞罗那等

2008~2010

欧亚建筑新潮流展

策展人：伊东丰雄 Peter Cook

2007~2009

社会主义新工房 / 文学想象与建筑体验

深圳香港建筑城市双城双年展

2011

"物我之境" 建筑展——成都双年展

空中多层公寓——献给未来的住宅原型

新的公共性 东来书店 香港建筑城市双年展

2012

米兰三年展 从研究到实践

朱家角人文艺术馆

深圳 中国设计大展

朱家角人文艺术馆 金陶村村民活动室

2013

上海西岸双年展

徐汇滨江 上海；

"Eastern Promises – Contemporary
Architecture and Spatial Practice in East Asia"

MAK 意大利维也纳

2014

Adaptation: Architecture and Change in
China 2014 威尼斯建筑双年展外围展 华鑫中心

意大利威尼斯

庄慎

1971 出生于江苏吴江

1989~1997 建筑学 学士 硕士 同济大学建筑与城市规划学院

1997~2001 建筑师 同济大学建筑设计研究院

2001~2009 合伙人 主持建筑师 大舍建筑设计事务所

2009~ 合伙创始人 主持建筑师 阿科米星建筑设计事务所

2014 客座教授 同济大学建筑与城市规划学院

主要作品

1998~1999
上海淞沪抗战纪念馆 (合作设计 : 周建峰)

1999~2002
同济大学中德学院 (合作设计 : 胡茸)

2003~2004
东莞理工学院计算机系馆

2003~2005
上海青浦私营企业协会办公与接待中心
(合作设计 : 陈屹峰 , 柳亦春)

2007~2009
上海嘉定新城规划展示馆 (合作设计 : 任皓)

2008~2010
上海文化信息产业园 B4/B5 地块
(合作设计 : 任皓)

2008~2013
上海嘉定博物馆新馆 (合作设计 : 任皓 , 柳亦春)

2010~2013
上海嘉定新城双丁路幼儿园
(合作设计 : 华霞虹 , 任皓)

苏州陆港村双栖斋

江苏黎里镇 "黎里"

2012~2013
莫干山庾村文化市集·蚕种场改造

2012~2014
上海衡山坊 8 号楼改造

华鑫斜土社区活动中心立面改造

获奖

1999
上海市年度优秀勘察设计优胜奖
浙江海宁钱君匋艺术馆 (合作设计 : 郑时龄)

2000
教育部年度优秀勘察设计二等奖
上海淞沪抗战纪念馆 (合作设计 : 周建峰)
建设部年度优秀勘察设计三等奖
上海淞沪抗战纪念馆 (合作设计 : 周建峰)
教育部年度优秀勘察设计一等奖
同济大学中德学院 (合作设计 : 胡茸)

2003
建设部年度优秀勘察设计二等奖
同济大学中德学院 (合作设计 : 胡茸)

2004
第三届中国建筑学会建筑创作优秀奖
同济大学中德学院 (合作设计 : 胡茸)
全国第 11 届优秀工程设计项目银质奖
同济大学中德学院 (合作设计 : 胡茸)

2006
美国《商业周刊》/《建筑实录》评选的
最佳商用建筑奖
青浦私营企业协会办公与接待中心
(合作设计 : 陈屹峰 , 柳亦春)
WA 中国建筑奖佳作奖
青浦私营企业协会办公与接待中心
(合作设计 : 陈屹峰 , 柳亦春)

2010

英国皇家特许建造学会"施工管理杰出成就奖"

嘉定新城规划展示馆（合作设计：任皓）

2012

WA 中国建筑佳作奖

上海文化信息产业园 B4/B5 地块

（合作设计：任皓）

展览

2001~2009

这期间作为大舍建筑设计事务所的创办人、合伙人和主持建筑师之一，与柳亦春及陈屹峰合作设计的诸多建筑设计作品先后获邀参加了诸多国际性重要建筑与艺术展。

2002

"都市营造"上海双年展

2003

"那么，中国呢？"法国巴黎蓬皮杜中心当代中国艺术展；

"建与筑"德国杜塞多夫当代中国建筑展

2004

"东南西北"法国波尔多 arc en reve 画廊建筑展

"状态"当代中国青年建筑师作品 8 人展，

北京中华世纪坛

2005

"城市，开门"深圳城市 / 建筑双年展，

深圳 OCAT 艺术中心

2006

"当代中国"建筑与艺术展荷兰建筑学院 (NAI) 鹿特丹

2008

"创意中国"当代中国设计展，伦敦 V&A 博物馆；

"建筑乌托邦"中国新锐建筑事务所设计展，

布鲁塞尔 CIVA 建筑与都市中心

"位置"中国新生代建筑师肖像，

巴黎夏佑宫法国国家建筑与遗产之城博物馆

2011

深港双城双年展 嘉定新城双丁路幼儿园

成都双年展 离合体·城

2012

意大利米兰三年展

双栖斋 黎里

2013

上海西岸建筑与当代艺术双年展

双栖斋 黎里 上海文化信息产业园 B4/B5 地块

城市笔记人

自由撰稿人。1985 年毕业于上海同济大学建筑系城市规划专业，后赴加拿大留学，获城市规划及人类学交叉学科博士。一直致力于建筑与城市及土地关系的基本研究，并以此笔名在《建筑师》杂志"城市笔记"专栏中发表了诸多关于当代中国建筑师状态的访谈与评述。